POPULAR BREAD

陳共銘 經典之最

世界風味麵包

—全書—

融會各國技術精華，傳承麵包的純樸好滋味

麵包王子

陳共銘——著

Preface

　麵包的工序，做過麵包的人都知道，其實不如想像中的簡單，很多易被忽略的小細節，都是足以影響美味的關鍵。做麵包需要時間，更需要耐心、愛心來成就，一個動作環節不確實，就會影響風味甚至失敗，這也是我一直強調，必須隨時用心觀察麵團在不同階段的進度、變化，同時也是做麵包有趣的地方。

　對於初學做麵包的新手，我想多少會有既期待又怕失敗的心情，但請不要膽怯的挑戰它吧，即使口感、味道可能還不理想，但也不要氣餒，再接再厲的試作，一定能很快找到對的小秘訣。就像在學習路上，我也有無數遇到瓶頸、挫折打擊的時候，但每次的挫折，都是讓我變得更好的轉折，同時也是我創作的靈感能量。若要說從我手中做出的麵包就是有那麼點特別、不一樣，我想或許就是來自每回「狀況」的磨練，以及對配料及製作全程關注所致吧！

　這本書集結了我在業界長年累積的研究創作，並透過融合創新的手法來展現各國風味的主題。書中從基礎理論到進階的變化延伸，我都盡量就初學者最好理解的角度出發，以易懂的操作圖解說明，並就大家容易忽略的部分加以提點。因為我希望大家能在過程中享受到麵團帶來的樂趣，即便是結果不如預期順利，也能有一種「又有所獲」的雀躍心情。

　麵包本身有無限的可能性，這點也是我一直試著發掘、尋求的。運用自己的方式，在手法、配料創作或揉麵團的方法上下工夫都是很有趣的，而這些在書中也都將一一與大家分享，不過，我也必須強調它們並非是唯一的方式，這些只是就我實際經驗提供給各位的參考依據，靈活的運用才能讓麵包更加簡單而美味。

　總而言之，我認為能把麵團最佳狀態，協調地展現出它的個性，就是最美的風味。但這可不單只是最後的成型，全程的觀察進度與變化——用心感受麵團的溫度、麵團的呼吸、麵團在過程中的起伏變化——我認為才是美味麵包的奧義，造就美味不可少的途徑。唯有透過這樣的接觸感受，才能夠真正了解麵團，上過我課程的各位相信都能明白。

　這本書不只是為自己而做，更是為了一路走來始終支持我的各位，有您們的支持，才能有這本書的誕生。

　這本書介紹的每一款麵包，都是我最想和各位分享的，謝謝您們，也希望您們喜歡。

陳共銘

Contents

本書慣例

＊ 材料配方中，奶油若無特別標示，就是使用無鹽奶油。水溫若無特別標示則為4℃；最後麵團攪拌溫度若無特別標示則為26℃。

＊ 麵團發酵所需時間，會隨著季節及室溫條件不同而有所差異，製作時請視實際狀況斟酌調整。

＊ 烤箱的性能會隨著廠牌機種的不同而有所差異；標示時間、火候供參考用，請配合實際需求做最適當的調整。

＊ 其他注意事項：計量要正確、水量可視實際情況斟酌調整！處理麵團時要輕柔小心；發酵時表面要覆蓋保鮮膜（或濕布），不可讓麵團變乾燥；烤箱要事先預熱。

＊ 各個麵包製上，配合製作的難易程度，以及完成製品的口感風味以記號標示難易、口感、口味，提供參考。

漫遊**麵包地圖**
遇見**世界美味**

用麵包認識、環遊 全世界！

每一種麵包都有其獨特的個性！
從味道、口感、風味中，幾乎都可尋究到既有的民族特性，
法德義日台……，鮮明的風格裡不只隱藏令人意外的美味驚喜，
在不同滋味的美味層次裡，更傳達反映著，
在地飲食文化與生活樂趣。
漫遊麵包地圖，帶您領略不同民俗風情蘊含的飲食文化，
尋味各式麵包蘊含的感動滋味，用麵包與全世界美味接軌！

🚩 法式麵包

法式麵包究極的是麵包表面的酥脆感和內在濕潤度，越嚼越品嚐出小麥發酵後的純樸香味，以表皮「鬆脆」、內部「柔韌」的脆皮麵包最為特色代表。除了最廣為人知的長條形，其他還有橢圓形、蘑菇形，以及其他樣式。摺夾式裹油麵團的可頌麵包，以及維也納麵包，也是法國的代表性麵包。

🚩 台式麵包

口味新奇，式樣豐富多變。以糖、油脂、蛋成分高的甜麵包居多，質地柔軟而香甜，口感佳，香濃可口外，並重外型裝飾，具台式獨有的鮮明特色。如蔥花麵包、克寧姆麵包等。

🚩 德式麵包

德國麵包樸實無華，其特色源於各種全穀類與雜糧堅果等所延展出的各種口味麵包；香氣、酸度與嚼感獨特，外皮韌脆耐嚼、內裡軟潤富彈性，如以黑裸麥、裸麥粉製作的裸麥麵包、雜糧黑麵包，是最知名典型的種類。

🚩 越南

受到法國殖民的緣故，越南麵包有著濃濃的法式色彩，麵包外酥內軟，最具代表的如融合兩國食材的法國麵包，以法國麵包夾著越南內餡的三明治組合。越南法式麵包（又稱西貢麵包），起於當初法國殖民越南時產生的新食物。

美國麵包

由東歐的猶太人發明，並在紐約發揚光大進而風行至全球的貝果，幾乎已成為紐約代表性的食物，並與漢堡同為美式典型飲食。

法國人稱麵包為Pain，西班牙、葡萄牙稱為Pan，
傳到日本音譯為「パン」（發音近似胖），
台灣受日本殖民統治影響，台語的麵包（胖）就是沿自日語而來。

荷蘭麵包

以表面刷上發酵米漿形成酥脆外皮的脆皮麵包為最大特色，脆皮內包覆的麵團有嚼勁、散發香氣，加上外皮脆硬口感，更添麵包的香味和口感，如外皮裂紋狀似虎斑的虎皮麵包（Dutch Bread）。

義式麵包

以來自當地食材、香料、橄欖油及口味眾多的乳酪構成義式麵包主力特色。佛卡夏是義大利具有長年歷史的傳統平燒麵包，在各地有不同的形狀與名稱，也被視為披薩最早的前身。外型樸實、外皮薄脆、內軟又具韌性，有著大小不同形狀的拖鞋麵包（巧巴達），也是代表性的義大利麵包。

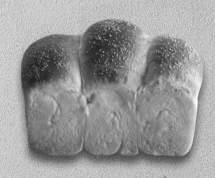

英式麵包

最知名的除了麵團膨鬆延展而成的英式山型吐司外，就是用酵母粉發酵製作的英式瑪芬麵包（俗稱滿福堡）、以及源於蘇格蘭地方的司康（Scone）、復活節應景的十字麵包（Hot Cross Buns）。

日式麵包

講究外型精緻花俏，獨樹一格的精湛藝術，展露無限新創意，日式麵包鬆軟細膩、軟綿香甜，內餡種類多，兼具香、酥、細、緻為其特色。日式麵包代表，有廣為人知的紅豆麵包、巨蛋麵包、咖哩麵包等。

Bread.1

從材料開始的講究

① 高筋麵粉

蛋白質含量較多的麵粉,筋性高,能形成較多的麵筋,適合用於製作黏性強、口感紮實的麵包。

② 低筋麵粉

蛋白質含量比高筋麵粉少,筋性較弱,常與高筋麵粉搭配使用,調整麵包的筋性、口感。

③ 法國麵粉

硬質小麥碾磨成,屬蛋白質含量較高的硬式麵包用粉,做好的麵團膨脹、彈力好,揉好的麵團有點黏手,但烤後外皮酥脆,越嚼越能感受到麵粉的原始風味,是製作法式麵包不可或缺的材料(市售包裝有些會註明為硬式麵包專用)。

④ 全麥麵粉

保留麩皮及胚芽研製成的麵粉,有粗粒、細粒之分,含豐富食物纖維,具有小麥獨特香氣和淡淡甜味,與黑麥粉一樣使用時會與高筋麵粉搭配使用。

⑤ 穀物粉

在麵粉中加入多種雜糧粉而成的,高纖維、高營養,加入多穀粉的麵團既保留小麥麵粉的筋度,又具有雜糧豐厚的香甜等原始風味。

⑥ 裸麥粉

由整粒裸麥研磨成的麵粉,不易產生筋性,揉好的麵團黏手,做出來的麵包口感紮實而厚重,具獨特的風味及酸味,是德國麵包常使用的材料。

⑦ 亞麻仁雜糧粉

含亞麻籽等高膳食纖維及多種營養素,營養價值高,帶有獨特的麥芽風味。

⑧ 黑麥粉

黑麥製成的粉類黏著性強,含蛋白質卻無麵筋,揉好的麵團較黏,製成的麵包膨脹力弱而有厚重感,常與高筋麵粉混合使用,具有酸味及獨特的風味。黑麥粉的比例越高,烤好的麵包色澤愈黑且具沉重感。

⑨ 速溶乾酵母

是壓縮由人工單純培養出的細顆粒狀乾酵母,不需先與水溶做預備發酵,直接與材料混合後即可使用。

⑩ 新鮮酵母

又稱濕酵母,必須冷藏保存,加入麵團中發酵可產生氣體促麵團體積膨脹,產生特殊風味。

⑪ 細砂糖

是酵母的營養來源，有助於發酵。不僅能增添麵團的甜味及濕潤度，也可讓麵包烘烤後更添色澤和香氣，最適合用來製作麵包。

⑫ 糖粉

將細砂糖磨粉添加少許玉米澱粉製成，是最微細的糖類，具有防止結塊以及細緻的特點，常用於奶油霜飾或成品表面裝飾。

⑬ 黑砂糖

較白砂糖含有大量的礦物質等，帶有特殊的濃郁香甜氣味，具有獨特的香甜味，粉末狀較固體狀好用。

⑭ 楓糖漿

取自楓樹皮香氣具有甜味，口味濃郁，對提升麵包的保濕及柔軟性效果好。

⑮ 鹽

除了調味外，對於發酵速度、抑制雜菌繁殖，以及香味、顏色也都有影響；適量的鹽，有助於發酵穩定，並能緊縮麵團麩質強化麵筋的密度。

⑯ 雞蛋

可讓麵團的延展性變好，讓麵團保有濕潤及鬆軟口感的效果，並能增加營養、增添風味。塗刷在完成麵團的表面則有助於呈現麵包光澤。

⑰ 無鹽奶油

可增加麵團的柔軟度、促進延展及特有風味，並有助於完成時的膨脹鬆軟，形成更有彈性的柔軟麵包。

⑱ 牛奶

牛奶含有乳糖，可提引麵包的風味及潤澤度，使表皮的上色加鮮明，並能增加特有的香氣風味。

⑲ 鮮奶油

從牛奶分離出來的液體乳脂肪，可增添濃郁香醇風味。

⑳ 煉奶

又稱煉乳，加了糖分帶有甜度的濃縮牛奶。濃醇奶香，多用於甜點、飲料的沖調使用。

㉑ 麥芽精

為天然麥芽香精，可提供酵母養分，對基本發酵具有補助作用，並能增添色澤香味。

㉒ 蜂蜜

天然的甜味劑，添加在製品中能帶出獨特的香氣風味並具上色效果。

得心應手的實用工具

❶ 磅秤

製作麵包時材料份量的準確很重要，建議使用g為單位標示的電子秤，較方便操作。

❷ 量杯

具易辨識的刻度，可用來量測液體類。基本的1量杯約為240毫升，量杯刻度為1杯、3/4杯、1/2杯、1/4杯。

❸ 量匙

量取少量的粉類或液體材料時不可或缺的工具，基本規格為1大匙（15毫升）、1小匙（5毫升）、1/2小匙（2.5毫升）、1/4小匙（1.25毫升）。

❹ 調理盆

攪拌混合材料或發酵麵團時使用。只要夠深且寬的耐用容器都適合，如耐熱玻璃製或不鏽鋼製的產品。

❺ 打蛋器

攪拌打發蛋、奶油，或是混合麵糊材料使用，常搭配調理盆使用。

❻ 擀麵棍

用來擀平、延壓麵團，將麵團擀成平均的厚度，或整型甜麵團時將麵團中的氣體排出等操作使用。

❼ 橡皮刮刀

拌合材料，或刮淨附著在容器內壁上的材料使用，選用彈性高、耐高溫材質較佳。

❽ 刮板

用於切拌混合材料、分割麵團。利用圓弧部分能將材料拌混成團，或將黏在容器內的麵團刮除。直面部分能用來切割麵團。

❾ 發酵帆布

製作硬式麵包時，會在最後發酵階段時折出凹槽，放置成型的麵團，以防止麵團乾燥、變形。帆布可幫助成型麵團往上脹（更挺）、能吸收麵團發酵時底部產生的水氣（達到調整水分效果）、不易沾黏。

❿ 不沾布、烤焙紙

烤焙麵包時，鋪墊上烤焙紙，可防止麵團沾黏在烤盤上。除了有紙製產品外，還有能清洗後重複使用的烤焙布、矽膠製烤焙墊。

⓫ 發酵籃（藤籃）

製作鄉村麵包時用來發酵的籃子，表面有藤編的一圈圈紋路，在模型內側撒上粉類後使用。清理時可用毛刷清除多餘的粉料，再薄刷上一層橄欖油，風乾至完全乾燥。

⑫ 噴霧器

烘烤硬式麵包前，噴水霧在麵團表面幫助濕潤，有助於烤出酥脆的麵包表皮。

⑬ 粉篩

過篩粉類、濾除液體雜質及氣泡，使製品質地細緻；或是篩撒防沾粉、在表面篩撒裝飾用粉類時使用。

⑭ 電子溫度計

測量麵團攪拌完成溫度、水溫等必備用具。直接插入麵團中即可測得溫度，有助於調整。

⑮ 重石

鋁製品，用來鋪在派皮上一起入爐烤焙，以避免麵皮過度膨脹變形。或用來製作烤箱內蒸氣效果的使用，也可用小鵝卵石替代。使用後清洗乾淨保持乾燥，可重複使用。

⑯ 剪刀

在麵團上剪出十字切口，剪出麥穗造型等，或需要剪出較深的切口割紋，用剪刀最為適合。

⑰ 割紋刀（麵包整型刀）、小刀

在麵團表面劃出切口割紋時使用，也可用一般的刀片、刀具。劃切口時是以刀尖部分斜向淺淺切劃開，而非呈直角用刀刃的部分來切劃。

⑱ 擠花袋＆擠花嘴

在麵團表面擠上外層麵糊做造型，或在麵包當中擠入餡料做內餡時尤其方便。

⑲ 毛刷

在麵團表面塗刷上蛋液或油脂、水時使用，可讓製品表面增加光滑色澤、防止水分流失。毛刷在用完後一定要確實清洗乾淨、晾乾。

⑳ 涼架

剛出爐的麵包必須立即脫模，放置涼架上使其冷卻，才可讓多餘的熱氣蒸發，不會積壓在底部凝結成水氣。

㉑ 發酵用密封容器

攪拌好的麵團，可裝放在帶蓋的方型密封容器中，來進行基本發酵。加蓋能有效避免麵團乾燥。

Bread.3

各式好用模型＆器具

五花八門的各式烘焙模型、拋棄式模型（紙模、鋁箔模）等，方便使用外，也能增添麵包的造型樂趣，讓麵包有更多姿多彩的變化。

了解自家烤箱特性

烤箱的性能因機種的不同都不盡相同，書中配方提供的專業烤箱與一般家用烤箱也有差異，使用時請將標示的烘烤時間、溫度作為依據參考，並就實際情況做最適當的調整。

● 24兩帶蓋吐司模

● 帶蓋吐司模（450g）、
　12兩水果條（中型）

● 帶蓋吐司模（450g）、
　不帶蓋吐司模（450g）

● 帶蓋正方形模（大、小）

● 庫克洛夫模

● 彎月模型

● 布丁模

● 橢圓藤籃、圓形藤籃

● 圓形鋁箔模（大）、長條
　鋁箔模

● 哈雷杯（中、小）、圓形
　紙模

● 三槽法國烤盤

● 帶蓋發酵容器盒

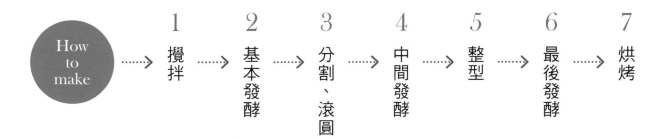

麵包製作的基本流程&重點

麵包製作最基本的步驟不乏混合揉和、發酵、整型、烘烤，
但不同種類的麵包，揉和的程度和烘烤等操作細節會有所差別。
這裡針對麵包製作的需求技巧，整理出幾大重點，了解所要製作麵包的基本，有助您順利地進行。

How to make ·····▶ 1 攪拌 ·····▶ 2 基本發酵 ·····▶ 3 分割、滾圓 ·····▶ 4 中間發酵 ·····▶ 5 整型 ·····▶ 6 最後發酵 ·····▶ 7 烘烤

A 攪拌

經過攪拌的麵團，會產生具有黏度和彈性的蛋白質，以促使麵包膨脹；而攪拌動作完成要確認的就是麵團攪拌後產生強而有力的麵筋（麩質）網狀結構。攪拌延展形成的麵筋狀態，決定麵包的組織與質地，是影響麵包製作的重要關鍵。

麵團的攪拌可分為5階段：

1 混和攪拌 ···· 2 拾起階段 ···· 3 捲起階段 ···· 4 擴展階段 ···· 5 完全擴展

1. 混和攪拌

乾濕材料（除油脂類外）放入攪拌缸內，用慢速攪拌混和均勻。

材料會因時節的不同受潮程度也因而不同，因此在水分量的調節時，應視粉類混和的情況調整（不必一次全加入），避免麵團有太過濕黏的情形。

2. 拾起階段

攪拌至所有材料與液體均勻混和，略成團、外表糊化，表面粗糙且濕黏，不具彈性及伸展性，還會黏在攪拌缸上。

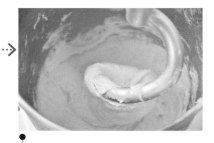

攪拌過程麵團還處黏糊糊狀態，可用刮板刮淨沾黏缸內側面的麵粉攪拌勻。

3. 麵團捲起

麵團材料完全混和均勻，麵團成團、麵筋已形成，但表面仍粗糙不光滑，麵團在攪拌缸，會勾黏在攪拌器上，拿取時還會黏手。

奶油會影響麵團的吸水性與麵筋擴展，必須等麵筋的網狀結構形成後再加入，否則油脂會阻礙麩質（麵筋）的形成。

4. 麵筋擴展

攪拌至油脂與麵團完成融合，麵團轉為柔軟有光澤、具彈性，用手撐開麵團會形成不透光的麵團，破裂口處會呈現出不平整、不規則的鋸齒狀。

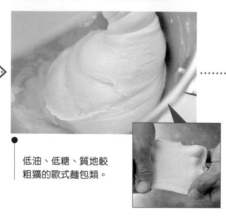

低油、低糖、質地較粗獷的歐式麵包類。

5. 完全擴展

麵團柔軟光滑並具良好彈性及延展性，用手撐開麵團會形成光滑有彈性薄膜狀，且破裂口處會呈現出平整無鋸齒狀。

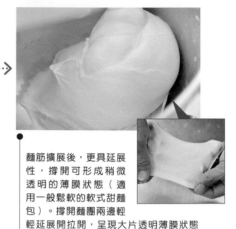

麵筋擴展後，更具延展性，撐開可形成稍微透明的薄膜狀態（適用一般鬆軟的軟式甜麵包）。撐開麵團兩邊輕輕延展開拉開，呈現大片透明薄膜狀態（適用細緻、富筋性的吐司麵包）。

POINT

● 水溫的調整

將水溫就製作狀況調整，是為了要讓麵團在攪拌完畢時，能達到最理想的發酵溫度。水溫的基準，一般來說春、秋可用水（約8℃），夏天水溫可低一點（約4℃），冬天的水溫可高一點（約12-16℃）。

● 用筋膜確認，攪拌是否完成

麵團是否已攪拌完成？可經由麵團擴展拉薄，確認麵筋膜的狀態來判斷：用手將麵團朝上下左右的方向慢慢撐開，若可拉出堅韌、透明的薄膜，就表示攪拌作業OK。

● 麵團攪拌的理想溫度

麵團攪拌完成的溫度需保持在適合酵母菌作用的25-27℃。若攪拌完成的溫度未達到理想狀況，如：溫度偏低時，可調整發酵時間（比預定時間再稍長些），相反地，攪拌完成的溫度過高時，就得縮短預定發酵的時間。

B 發酵

麵包會膨脹的原因，簡單的說是麵團在發酵時酵母分解麵團中的澱粉質及糖分，並釋放出酒精與二氧化碳，而當二氧化碳充斥麩質組織中，形成均勻的小氣孔，促使麵團膨脹也就成了所謂的發酵。發酵良好的麵團表面呈細緻光滑（水分完整保留在麵團中），麵團質地輕盈、不沉重（空氣平均分布整個麵團中），也就是具彈性、有張力。

■ 基本發酵

攪拌好的麵團，需有理想的環境發酵，除了可用烤箱發酵功能、專業發酵箱，一般在家製作時也可將麵團放在帶蓋的保鮮容器內（或放容器中，覆蓋塑膠袋），放置適當溫度處（如：烤箱上隔層厚紙板），使其發酵膨脹，但因無濕度控制裝置以確保麵團的保濕，必須注意適時在麵團上噴水，防止乾燥；至於使用的容器也應就份量大小選用，容器應為麵團的3-4倍大（以1500g麵團為例，可準備長34cm×寬25cm×高15cm帶蓋容器）。

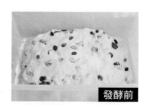
發酵前

發酵後

■ 中間發酵

分割、滾圓後的麵團會產生麵筋韌性，必須短時間靜置，讓因攪拌所產生的內應力稍緩和並重新產生氣體，使麵團鬆弛，以利後續的整型操作。麵團靜置時，內部的水分仍是持續蒸發的狀態，因此也要記得用塑膠袋覆蓋，以防止乾燥。

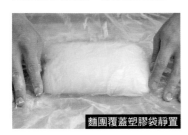

麵團覆蓋塑膠袋靜置

■ 最後發酵

麵團成型後的發酵。整型後排出氣體的麵團，必須重新發酵，讓麵團回復彈性、柔軟膨大，這也是製作中的最後一次發酵。

最後發酵完成的麵團，用手觸摸時，麵團不沾黏手指，並可以感覺些微的彈力。

發酵前

發酵後

C 翻麵

翻麵，就是排出發酵過程中，麵團內產生的氣體之操作。主要是用拍打方式將基礎發酵產生的氣體（帶有酸味）排出，並由折疊翻面包覆入新鮮空氣，把表面發酵較快的空氣壓出，並使底部發酵較慢的麵團能換到上面，以達到表面與底部溫度平衡（溫度差異消失），穩定完成發酵，讓麵團質地細緻、富彈性（未做翻麵，發酵動力較差，組織結構較鬆散）。

翻麵的方法

1 麵團輕拍扁。

2 將兩側1/3的麵團折疊起來。

3 再將前方及對面1/3的部分也折疊。

4 折疊的部分朝下放置，蓋上保鮮膜、發酵。

D 分割 & 滾圓

將完成基本發酵的麵團分切成所需的等份。因麵團相當細緻，用手撕扯分塊會損及麵團，處理時會以刮板迅速的切割，並由滾圓排出舊有的空氣，重新包覆新鮮空氣，讓表面光滑並具保氣性，促進內部組織細膩均勻。

1. 分割的方法 | **2. 小麵團的滾圓** | **3. 大麵團的滾圓**

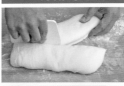

用刮板在麵團上輕巧迅速的分切，不要撕扯到麵團以免破壞形成的麩質網狀結構。

按壓麵團排出空氣，用手掌包覆住麵團，在檯面輕輕做圓圈狀的搓動，塑成表面光滑的圓球狀。

按壓麵團排出空氣，用雙手輕扣在麵團前端往內推拉移動讓麵團捲成光滑的表面。

E 整型

將麵團塑成所要的形狀。按壓麵團排出空氣的同時，並將麵團調整、塑成各種形狀，使麵團具有整齊美觀的外型。整型時確實的讓麵團形成漂亮光滑的表面很重要，這樣才能烤成漂亮、膨鬆的麵包。

基本的整型法

圓球狀

1 輕拍麵團，從內側向上折疊麵團1/3。

2 從外側前端向下折疊麵團1/3。

3 翻面略拍扁。

4 轉向直角呈長條後再從內側向上折疊1/3，從外側向下折疊1/3，折3折。

5 將折線朝下。

6 揉動滾圓整型成圓球狀。

圓柱狀

1 輕拍麵團，向上折1/3、前端向下折1/3。

2 翻面略拍扁，轉向直角呈長條狀後再折3折。

3 稍滾圓。

4 整型成圓筒狀。

長棒狀（3折1，硬式麵包整型）

1 輕拍麵團，從外側將麵團向內折疊約1/3。

2 從內側將麵團向上折疊約1/3，疊合在內側麵團上（形成折3折狀態，3折法）。

3 將麵團稍稍向外滾動，並用拇指指腹按壓麵團接合口處形成溝槽。

4 沿著按壓溝槽處將麵團由內側向外側折疊成半，用手指按壓將接合處讓接合口黏合固定。

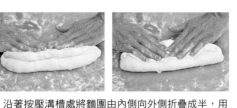

5 輕輕滾動麵團使其伸展，整型成長條狀。

橄欖狀

1 輕拍麵團，將麵皮由外側往內側捲起到底。

2 收口黏合朝底，略搓揉麵團兩端整型成橄欖狀。

切口的劃法

　　硬式麵包在烘烤前會在表面切割切口，這是為了釋放多餘的氣體，不讓麵包在烘烤時因膨脹而破裂，經過切割的操作，麵包的膨脹程度較均勻外，也能讓膨脹後的刀紋漂亮的撐開。

刀紋專用刀

用於麵團劃切口紋路的切割刀，也可用一般小刀具代替。

正確拿法

切割時，刀口要呈微斜（非與麵團形成直角），一氣呵成的淺劃出切紋。

F　烤焙

　　為了讓發酵好的麵團，送入烤箱後，能在穩定的溫度下受熱烘烤完成。烤箱必須在發酵完成的10分鐘前開始預熱到所需的溫度。基本上歐式硬質麵包，為增加光澤、製造出表皮酥脆口感，會在入爐的第一時間給予足夠的蒸氣，增加烤箱濕度與氣壓，以助麵團在烘焙時的延展。

■ 調頭轉向，調整烤盤位置

　　一般烤箱因內部溫度不平均，在烤焙的中途會以調整烤盤位置（調頭轉向），讓烤出的麵包色澤均勻。以烤吐司為例，原則上以總烘烤時間的一半作為轉向的時間（如烘烤30分鐘時，先烤15分鐘，轉向再繼續烘烤15分鐘），至於其他一般麵包則約取2/3的時間作轉向調整。

■ 歐式麵包，蒸氣式烤法

　　歐式麵包烘烤時通常會以「蒸氣烘烤」，高溫蒸氣可讓麵團烘烤時，有足夠的保水性，可防止表皮過於快速硬化，以利烤出內部柔軟有韌性，外皮薄脆、有光澤的麵包體。

蒸氣處理手法A

　　製作歐式麵包時若缺乏蒸氣效果，做出的麵包美味度會有所折扣，表皮不夠酥脆、組織易黏牙（高油、高糖歐包不在此限）。在沒有蒸氣設備的情況下，不妨可使用法國烤盤及重石來製造蒸氣效果：在烤焙的前30分鐘，將重石（或小鵝卵石）裝入金屬容器內先加熱，當溫度達到時，再加入熱水於容器中，同時放入麵團，透過水與高溫的瞬間接觸產生的水氣達到如同蒸氣般的效果。

法國烤盤的運用－法國烤盤有凹槽、孔洞的設計，把整型好要進行最後發酵的麵團放置法國烤盤上，除了能縮短發酵時間，在烘烤時由於孔洞與烤箱水氣形成的對流佳，也能促進膨脹。

蒸氣處理手法B

使用噴水的方式來蒸烤，也就是將麵團放入烤箱後，用噴霧器往烤箱內噴2-3次的細水霧以達到熱蒸氣效果，可延緩硬皮的速度，但缺點是會導致表面過厚，以及會減短烤箱的使用壽命。

■ 烘烤完成的判斷基準

1. 軟式甜麵包類，可用手拿起麵包，輕壓兩側的部分，若能立即回彈，表示烘烤完成；若是凹陷情形，代表烘焙時間不足。
2. 硬質類的歐包，糖、油含量較少，甚至無糖、無油，可就側面、底部是否上色均勻、酥脆度，或輕壓兩側有無厚實感來判斷。

G 美味享用麵包的祕訣

手工麵包迷人的就是出爐時的那份美味，當日吃不完的麵包，冷凍保存才可以留住新鮮、留住美味。

■ 留住新鮮的保存法

當日食用完畢

調理類鹹味麵包、甜點麵包，使用美奶滋、奶油餡或水果餡等類麵包，保存不易，且經冷凍再解凍後易產生離水現象，口感質地都會變差，這類麵包最好當日盡早食用完畢。

密封冷凍保存

吐司、法式麵包等成份單純的麵包，可用冷凍方式保存（約4天）。保存時用材質稍厚的塑膠袋、或密封盒妥善裝好（擠出空氣，預防結霜），放冷凍（不宜冷藏，水分易蒸發，質地會變得乾硬，風味會變差），避免水分流失或有其他味道的沾染。丹麥、布里歐類等糖、油含量高製品，則可包好冷藏保存（約2天），食用時即使不加熱也好吃。

■ 美味不流失的回烤法

冷凍保存的麵包，再次食用時，放置室溫狀態下解凍回溫後，稍微烘烤即能恢復剛出爐般的柔軟質地。法國麵包等質地稍硬的硬式麵包，可在表面稍微噴上水霧，再放烤箱回烤，即能恢復原有的香脆。

烤箱烘烤法

烤箱預熱，將麵包外皮稍微噴水，放入烤箱烘烤，就能享受到剛出爐的美味了。

電鍋蒸烤法

用餐巾紙稍噴濕，鋪放外鍋底部，放置麵包後蓋上電鍋蓋，按下開關鍵至開關鍵自動跳起即可。

微波解凍、烤箱回烤

在包著保鮮膜的狀態下，用微波爐加熱，解凍後，再用鋁箔紙包好，放入烤箱烘烤，待烤熱後再剝除鋁箔紙，繼續烤到金黃香酥。

---POINT---

麵包的分切法

剛出爐的麵包，含有大量水氣、組織柔軟不容易分切，出爐、脫模後，必須先放置涼架上待熱氣蒸發、放涼，再以呈鋸齒狀的麵包刀來分切，較好操作、切出的成品也較漂亮。

直接法 示範

奶香葡萄園

Ingredients（19個）

麵團

A 高筋麵粉 1000g
　 細砂糖 150g
　 鹽 15g
　 新鮮酵母 30g
　 全蛋 100g
　 動物鮮奶油 300g
　 奶油乳酪 150g
　 水 200g
　 奶粉 40g

B 無鹽奶油 80g
　 葡萄乾 300g

表面裝飾

無鹽奶油 .... 適量
玉米脆片 .... 適量
（或杏仁片）
糖粉 .... 適量

Point

剪刀口時以往上提拉的方式剪開，避免施力不當造成麵團的消氣；切口處放上奶油可達到潤澤、避免乾燥。

Methods

1 混和攪拌

將材料A用慢速攪拌混和（圖1），轉快速攪打至有彈性（擴展）（圖2-3），加入奶油用慢速拌勻（圖4），轉快速攪拌至完全擴展（圖5-6），加入葡萄乾拌勻即可（圖7-8）（麵團溫度約27℃）。

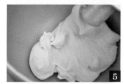

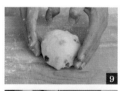

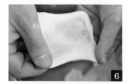

2 基本發酵

將麵團放入容器中，基本發酵（約40分鐘），翻麵（約20分鐘）。

3 分割滾圓、中間發酵

將麵團分割成小團、滾圓（120g×19個），蓋上保鮮膜，中間發酵（約30分鐘）。

4 整型、最後發酵

將麵團滾圓（圖9），放入模型中，最後發酵（約40分鐘），表面刷上蛋液、剪出十字刀口（圖10），放上小塊奶油（圖11），撒上玉米脆片、糖粉。

5 烘焙、脫模

放入烤箱，以上火185℃／下火200℃，烤約18-20分鐘出爐放涼。

中種法
示範

活康枸杞麵包

Ingredients （28個）

中種麵團

高筋麵粉.............. 700g
全蛋..................... 100g
速溶乾酵母........... 10g
水........................ 350g

歐克皮

高筋麵粉.......... 1000g
無鹽奶油.............. 400g
細砂糖................. 100g
鹽........................ 10g
水........................ 550g

主麵團

A 細砂糖........... 120g
  水.................. 300g
  奶粉 40g
  鹽.................. 18g

B 高筋麵粉 300g

C 無鹽奶油 60g
  枸杞 300g
  葵花子.......... 300g

Methods

1 歐克皮

歐克皮製作參照P44-45「歐克麵包」**作法1**。分割小團、滾圓（約30g）備用。

2 中種麵團

將所有材料用慢速拌勻（**圖1-2**），轉中速攪拌至光滑（**圖3**），放入容器中（**圖4**）、蓋上塑膠袋（**圖5**），室溫（約28℃）發酵約1小時（**圖6-7**）。

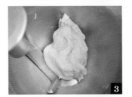

3 主麵團—混和攪拌

中種麵團先分割成小塊狀（**圖8**），將材料A、中種麵團慢速攪拌混和（**圖9**），加入材料B攪拌均勻（**圖10-11**），轉快速攪拌至擴展階段（**圖12**），再加入奶油、葵花子用慢速拌勻（**圖13**），改用快速攪拌至完全擴展，加入枸杞拌勻即可（**圖14-15**）（麵團溫度約27℃）。

★ 中種麵團先分割成小塊有助混和攪拌均勻。

4 基本發酵

將麵團放入容器中,基本發酵(約40分鐘),翻麵(約20分鐘)(圖**16-17**)。

★ 放置發酵的容器約與麵團大小相同,有助往上膨脹發展。

5 分割滾圓、中間發酵

將麵團分割成小團、滾圓(80g×28個)(圖**18-21**),蓋上保鮮膜,中間發酵(約40分鐘)(圖**22**)。

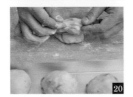

6 整型、最後發酵

將麵團滾圓、收口捏合(圖**23-24**),另將歐克皮擀成圓片狀(圖**25**),包覆住麵團、整型成圓球狀(圖**26-27**),放入紙模中(圖**28**),最後發酵(約30分鐘)(圖**29**),表面剪出十字刀口(圖**30**)。

7 烘焙、脫模

放入烤箱,以上火180℃/下火200℃,烤約18分鐘,出爐,放涼。

液種法
示範

黑芝麻燻雞

Ingredients （8個）

中種麵團（隔夜液種）
法國粉 300g
速溶乾酵母 1g
水 300g

內餡
燻雞肉 480g

主麵團
A　水 350g
　　鹽 20g

B　法國粉 700g
　　速溶乾酵母 6g

C　蜂蜜 80g
　　黑芝麻粒 30g

Methods

1　**中種麵團**
　　將所有材料攪拌均勻
　　（圖**1-2**），放入容器中
　　（圖**3-4**），蓋上塑膠
　　袋（圖**5**），室溫（約
　　28℃）發酵約1小時，
　　隔天使用（冷藏約4℃
　　發酵約12小時）（圖
　　6-7）。

　　★ （圖**4**）剛拌勻的麵團
　　　呈軟黏，尚未形成麵
　　　筋；（圖**7**）為發酵完
　　　成麵團，有氣味、氣泡
　　　產生，具筋度拉起有彈
　　　性。

2　**主麵團—混和攪拌**
　　將中種麵團容器中倒入
　　少許水，取出麵團（圖
　　8）。

3　將材料A、中種麵團
　　慢速攪拌混和（圖
　　9-10），加入材料B攪拌
　　勻（圖**11-12**），再轉快
　　速攪拌至擴展階段（圖
　　13），加入蜂蜜快速拌
　　勻至光滑具延展性（圖
　　14），加入黑芝麻拌勻
　　即可（圖**15-16**）。

　　★ 蜂蜜份量8%以上時，後
　　　加攪拌，風味較佳且打
　　　好的麵團不會有軟爛情
　　　形。

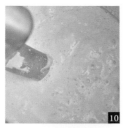

4 基本發酵

將麵團放入容器中，基本發酵（約40分鐘），翻麵（約20分鐘）。

5 分割滾圓、中間發酵

將麵團分割成小團（圖17）、滾圓（200g×8個）（圖18-20），蓋上保鮮膜（圖21），中間發酵（約40分鐘）。

6 整型、最後發酵

麵團拍扁、整成長條狀（圖22-23），放入燻雞肉（圖24），將麵皮往外側折合（圖25-28），收口捏合（圖29）、整成長棒狀（圖30），放發酵帆布上（圖31），最後發酵約40分鐘，撒上高筋麵粉（圖32），淺劃紋路（圖33）。

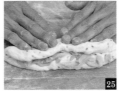

7 烘焙、脫模

放入烤箱，入爐後蒸氣一次，3分鐘後再蒸氣一次，以上火230℃／下火200℃，烤約18-22分鐘。

湯種法 示範

米麵包

Ingredients（13個）

主麵團

A 細砂糖 120g
　全蛋 100g
　鮮奶 200g
　煉乳 50g
　水 200g
　鹽 18g

B 高筋麵粉 800g
　低筋麵粉 100g
　新鮮酵母 30g

C 無鹽奶油 100g

湯種

白米片 100g
水 200g

Methods

1 湯種

將水加熱至約65℃（圖**1**），沖入白米片中（圖**2-3**），用手揉至白米片完全吸收水分（圖**4**），用塑膠袋包好、冷藏備用（圖**5**）。

2 主麵團—混和攪拌

材料A、湯種慢速攪拌混和，加入材料B拌勻，轉快速攪拌至有彈性，加入材料C慢速拌勻，用快速攪拌至光滑具延展性（圖**6**）。

3 基本發酵

將麵團放入容器中，基本發酵（約30分鐘），翻麵（約20分鐘）。

4 分割滾圓、中間發酵

將麵團分割成小團、滾圓（150g×13個），蓋上保鮮膜，中間發酵（約30分鐘）。

5 整型、最後發酵

將麵團拍出空氣（圖**7**），捲成橄欖形（圖**8-9**），放入發酵帆布上，最後發酵約40分鐘，表面撒上高筋麵粉，淺劃葉形刀紋（圖**10**）。

6 烘焙、脫模

放入烤箱，以上火200℃／下火200℃，烤約16-18分鐘。

多元甜味麵包

Bread

多杜麵包

- 製作方式：直接法
- 參考數量：8 條

Ingredients

麵團

高筋麵粉 800g、低筋麵粉 200g、鹽 10g、
細砂糖 180g、蛋黃 150g、鮮奶 450g、
新鮮酵母 35g、水 100g

內餡

楓糖餡 40g

表面裝飾

全蛋液、玉米脆片（或杏仁片）、細砂糖適量

Bread info

楓糖餡

材料 無鹽奶油 100g、楓糖漿
150g、杏仁粉 30g

作法 奶油、楓糖漿拌勻，加入杏
仁粉混和拌勻即可。

Methods ▌製作▐

混和攪拌
1 材料先用慢速攪拌混和，改快速攪拌至光滑具延展性。

基本發酵
2 將麵團放入容器中，基本發酵（約50分鐘）。

分割滾圓、中間發酵
3 將麵團分割成小團、滾圓（150g×8個），蓋上保鮮膜，中間發酵（約40分鐘）。

整型、最後發酵
4 將麵團略搓揉成橢圓，擀平（圖1），抹入楓糖餡（約5g）（圖2），將手按壓麵皮兩端稍朝外側捲起2圈（圖3），再以兩端朝內側捲起（圖4）到底捏合（圖5），搓長（圖6）、鬆弛約10分鐘。

5 用切麵刀由中間切開到底（圖7-9），兩條麵團以編結方式交互重疊到底收合（圖10-11），最後發酵（約30分鐘），刷上全蛋液（圖12）、撒上玉米脆片（圖13）、細砂糖（圖14）。

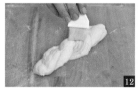

烘焙、脫模
6 放入烤箱，以上火185℃／下火200℃，烤約16-18分鐘，出爐、撒上細砂糖。

雪花優格麵包

- ● **製作方式**：直接法
- ● **使用模型**：圓形紙模
- ● **參考數量**：31 個

口感	軟 ■□□□□ 硬
口味	甜 ■□□□□ 鹹
難易	易 ■□□□□ 難

Ingredients　麵團

A 高筋麵粉 1000g、細砂糖 160g、
鹽 15g、蛋黃 150g、全蛋 130g、
蜂蜜 20g、優格 150g、水 250g、
新鮮酵母 30g

B 無鹽奶油 120g

內餡　（乳酪餡）

奶油乳酪 250g、糖粉 25g、蜜漬橘香絲 100g

表面裝飾

墨西哥餡 930g、白巧克力屑適量

Methods　製作

墨西哥餡

1　墨西哥餡製作參照P30-31
「黃金旦蛋麵包」**作法1**。

乳酪餡

2　將乳酪、糖粉攪拌均勻，加
入橘香絲混和拌勻即可。

混和攪拌

3　將材料A先用慢速攪拌混
和，轉快速攪打至有彈性
（擴展），加入奶油用慢速
拌勻，再轉快速攪拌至完全
擴展（麵團溫度約27℃）。

基本發酵

4　將麵團放入容器中，基本
發酵（約30分鐘），翻麵
（約20分鐘）。

分割滾圓、中間發酵

5　將麵團分割成小團、滾圓
（60g×31個），蓋上保鮮
膜，中間發酵約30分鐘。

整型、最後發酵

6　將麵團略滾圓，輕拍平，
包入乳酪餡（約20g），捏
合收口，放入圓形紙模中
（**圖1**），最後發酵（約30
分鐘），表面擠上墨西哥餡
（**圖2**），撒上白巧克力屑
片（**圖3**）。

★ 為了避免麵團破裂，麵團接
合口一定要確實捏緊。

烘焙、脫模

7　放入烤箱，以上火185℃／
下火200℃，烤約18分鐘，
出爐放涼。

細雪乳酪麵包

- 製作方式：直接法
- 使用模型：圓形紙模
- 參考數量：33 個

口感　軟▮□□□□硬
口味　甜▮□□□□鹹
難易　易▮□□□□難

Ingredients

麵團

A　高筋麵粉 1000g、細砂糖 50g、
　　蜂蜜 50g、奶粉 30g、速溶乾酵母 10g、
　　全蛋 100g、鮮奶油 200g、鮮奶 250g、
　　水 200g、奶油乳酪 150g、鹽 10g

B　無鹽奶油 120g

內餡

奶油乳酪 500g、糖粉 40g、蜂蜜 40g、
鮮奶油 50g、葡萄乾 150g

表面裝飾（黃金皮）

蛋黃 50g、糖粉 25g、低筋麵粉 30g

Methods 製作

製作內餡

1　黃金皮餡作法參照P28-29「蛋香咖啡」。

2　將乳酪、糖粉攪拌均勻，加入蜂蜜、鮮奶油及略糸燙過的葡萄乾拌勻。

混和攪拌

3　將材料A先用慢速攪拌混和，轉快速攪拌至有彈性（擴展），再加入奶油慢速攪拌均勻，再轉快攪拌至呈光滑延展性。

基本發酵

4　將麵團放入容器中，基本發酵（約30分鐘），翻麵（約20分鐘）。

分割滾圓、中間發酵

5　將麵團分割成小團、滾圓（65g×33個），蓋上保鮮膜，中間發酵（約30分鐘）。

整型、最後發酵

6　將麵團略拍扁，向上折1/3、前端向下折1/3，翻面略拍扁，轉向直角呈長條狀後再折3折（圖1），折線朝下，整成圓球狀（圖2）、拍平，放入乳酪餡（約20g）（圖3），捏合收口整成圓球狀，放入圓形紙模，最後發酵（約30分鐘），擠上黃金皮餡布滿表面2/3（圖4）。

★ 為了避免麵團破裂，麵團接合口一定要確實捏緊。

烘焙、脫模

7　放入烤箱，以上火185℃／下火200℃，烤約16-18分鐘，出爐、脫模放涼。

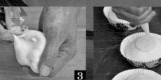

33

水果布列克

- 製作方式：中種法
- 使用模型：中型哈雷杯
- 參考數量：20 個

口感 軟 □□□□□ 硬
口味 甜 □□□□□ 鹹
難易 易 □□□ □ 難

Ingredients

中種麵團

高筋麵粉 700g、細砂糖 20g、水 450g、
新鮮酵母 30g

主麵團

A 全蛋 150g、細砂糖 120g、蛋黃 130g、
蜂蜜 30g、鹽 15g

B 高筋麵粉 300g

C 白色巧克力片（碎片）200g、無鹽奶油 300g

內餡

D 水果糖漿：細砂糖 175g、水 500g、
白蘭地 30g、奇異果 6 個

E 杏仁漿：杏仁粉 150g、蛋白 200g、低筋麵粉 50g

表面裝飾

糖粉適量

Methods　製作

水果糖漿、杏仁漿

1 奇異果去皮、切成4等份。
水煮沸，加入細砂糖拌至融
化待涼，淋入白蘭地拌勻，
放入奇異果片浸泡，待使用
時瀝乾水分，切丁使用。

2 杏仁粉、蛋白先拌勻，加入
低筋麵粉拌勻即可。

中種麵團

3 將所有材料用慢速拌勻，轉
中速攪拌至光滑，放入容器
中，室溫（約28℃）發酵
約1小時，隔天使用。

主麵團－混和攪拌

4 將材料A、中種麵團慢速攪
拌混和，加入材料B拌勻，
轉快速攪拌至擴展，再分次
加入奶油用慢速拌勻，改用
快速攪拌至完全擴展，加入
巧克力碎片拌勻即可（麵團

溫度約25℃）。

基本發酵

5 將麵團放入容器中，基本
發酵（約30分鐘），翻麵
（約20分鐘）。

分割滾圓、中間發酵

6 將麵團分割成小團、滾圓
（120g×20個）蓋上保鮮
膜，中間發酵約40分鐘。

整型、最後發酵

7 將麵團擀平，包入水果糖
漿，捏合收口、放入模型
杯中，最後發酵（約40分
鐘），刷上杏仁漿。

烘焙、脫模

8 放入烤箱，以上火185℃／
下火200℃，烤約18-22分
鐘，出爐，撒上糖粉。

蜂蜜乳酪麵包

- 製作方式：直接法
- 使用模型：水果條
- 參考數量：8 條

口感	軟 □□□■□□ 硬
口味	甜 □■□□□ 鹹
難易	易 ■□□□□ 難

Ingredients 麵團

A 高筋麵粉 200g、法國粉 800g、
細砂糖 150g、鹽 18g、水 500g、
奶粉 40g、奶油乳酪 200g、
蜂蜜 120g、速溶乾酵母 10g

B 無鹽奶油 80g

乳酪餡

奶油乳酪 250g、蜂蜜 30g、糖粉 30g、
葡萄乾 150g

表面裝飾

紅糖、杏仁片、全蛋液適量

Methods 製作

乳酪餡

1 將所有材料攪拌均勻。

★ 葡萄乾需先用熱水氽燙過瀝
乾後再使用。

混和攪拌

2 將材料A先用慢速攪拌混
和，轉快速攪拌至有彈性
（擴展），再加入奶油慢速
攪拌均勻後，轉高速攪打至
完全擴展（麵團溫度約26-
27℃）。

基本發酵

3 將麵團放入容器中，基本
發酵（約40分鐘），翻麵
（約20分鐘）。

分割滾圓、中間發酵

4 將麵團分割成小團、滾圓
（250g×8個），蓋上保
鮮膜，中間發酵（約40分
鐘）。

整型、最後發酵

5 將麵團略整成長棒狀，
擀平，放入乳酪餡（約
30g），撒上少許紅糖，捲
起捏合、從一半中間切開，
兩條麵團交互扭轉，再將
另一半切開依法扭轉成辮
子型，放入模型中，最後發
酵（約30分鐘）至模型8分
滿，刷上全蛋液、撒上杏仁
片、紅糖。

烘焙、脫模

6 放入烤箱，以上火185℃／
下火200℃，烤約22分鐘，
出爐、脫模放涼。

Nut Bread

脆皮核果

- 製作方式：直接法
- 參考數量：24 個

Ingredients | 麵團

A　高筋麵粉 800g、法國粉 200g、黑糖 200g、鹽 12g、奶粉 30g、
鮮奶 100g、鮮奶油 80g、全蛋 150g、速溶乾酵母 10g、水 350g

B　無鹽奶油 150g

C　南瓜子 100g、核桃 200g

表面裝飾（杏仁脆皮醬）
杏仁粉 100g、蛋白 100g、低筋麵粉 50g

Methods | 製作

杏仁脆皮醬

1　杏仁粉、蛋白先拌勻，加入低筋麵粉拌勻（**圖1**）。

混和攪拌

2　將材料A先用慢速攪拌混和，轉快速攪拌至有彈性（擴展），再加入奶油慢速攪拌均勻，轉高速攪打至光滑具延展性，加入材料C慢速拌勻（麵團溫度約26℃）。

基本發酵

3　將麵團放入容器中，基本發酵（約40分鐘），翻麵（約20分鐘）。

分割滾圓、中間發酵

4　將麵團分割成小團、滾圓（80g×24個），蓋上保鮮膜，中間發酵（約40分鐘）。

整型、最後發酵

5　將麵團拍扁（**圖2**），向上折1/3、前端向下折1/3（**圖3-4**），翻面略拍扁（**圖5**），轉向直角呈長條狀後再折3折（**圖6-7**），折線朝下，揉動整型成圓球狀（**圖8**），放入發酵帆布上，最後發酵（約40分鐘），抹上杏仁脆皮醬（**圖9**）。

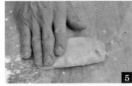

烘焙、脫模

6　放入烤箱，以上火190℃／下火200℃，烤約18分鐘，出爐、脫模放涼。

口感　軟□□■□□硬

口味　甜□■□□□鹹

難易　易□□■□□難

鮮奶哈斯

● 製作方式：直接法
● 參考數量：6 條

Ingredients　麵團

A　高筋麵粉 800g、低筋麵粉 200g、細砂糖 100g、蜂蜜 30g、
全蛋 100g、鮮奶 550g、鹽 18g、新鮮酵母 35g、水 50g

B　無鹽奶油 120g

Methods　製作

混和攪拌

1　將材料A先用慢速攪拌混和（圖1），轉快速攪拌至有彈性（擴展）（圖2），再加入奶油慢速攪拌均勻至光滑延展性（圖3-4）。

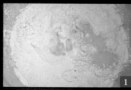

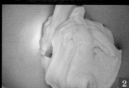

基本發酵

2　將麵團放入容器中，基本發酵（約40分鐘），翻麵（約20分鐘）。

分割滾圓、中間發酵

3　將麵團分割成小團、滾圓（300g×6個），蓋上保鮮膜，中間發酵（約40分鐘）。

整型、最後發酵

4　將麵團拍出空氣後捲成橄欖形（圖5-7），放發酵帆布上，最後發酵（約50-60分鐘）（圖8），刷上蛋液（圖9）、直切5刀紋（圖10）。

★ 前、後兩端約保留1cm，中間間隔以1cm縱向劃5刀直線條的切口。

烘焙、脫模

5　放入烤箱，入爐前一次蒸氣，以上火210℃／下火200℃，烤約22分鐘，出爐脫模。

橄欖外型的哈斯（Hearth Bread），類屬軟式
法國麵包的一種，外皮酥脆、內部吃起來鬆軟、
柔中帶勁，道地的哈斯不加水分是全由鮮奶取
代，因此具淡淡奶香。烘烤時需噴灑水氣確保麵
團的濕潤感，讓烘烤完成的麵包，具有法國麵包
特有的外觀及酥脆口感。

41

糖心維也納麵包

- 製作方式：直接法
- 使用模型：法國盤
- 參考數量：21 個

口感	軟 □■□□□ 硬
口味	甜 ■□□□□ 鹹
難易	易 ■□□□□ 難

Ingredients　麵團

A　高筋麵粉 900g、低筋麵粉 100g、
　　新鮮酵母 30g、細砂糖 160g、
　　鮮奶 150g、全蛋 100g、蜂蜜 20g、
　　鹽 15g、水 550g

B　無鹽奶油 80g

抹醬

發酵奶油 150g、細砂糖 80g、煉乳 30g

Methods　製作

混和攪拌

1　將材料A先用慢速攪拌混
　　和，轉快速攪拌至有彈性
　　（擴展），加入奶油轉慢速
　　拌勻，轉快速攪拌至完全擴
　　展（麵團溫度約27℃）。

　★ 麵團中也可添加乾燥玫瑰
　　　5g、蜜漬橘香絲10g或者咖
　　　啡粉、可可粉等材料來變化
　　　口味。

基本發酵

2　將麵團放入容器中，基本
　　發酵（約30分鐘），翻麵
　　（約20分鐘）。

分割滾圓、中間發酵

3　將麵團分割成小團、滾圓
　　（100g×21個），蓋上保
　　鮮膜，中間發酵（約40分
　　鐘）。

整型、最後發酵

4　將麵團塑成長條、略壓扁，
　　從內側向上折1/3，再從前
　　端向下折1/3，按壓接合口
　　處形成溝槽，再由溝槽處對
　　折成半，按壓接合口使其確
　　實黏合，略滾動揉成棒狀，
　　放入法國盤中最後發酵（約
　　30分鐘）（圖1），刷上蛋
　　液，在表面斜劃三刀紋（圖
　　2）。

烘焙、脫模

5　放入烤箱，入爐前蒸氣一
　　次，以上火190℃／下火
　　180℃，烤約16-18分鐘，
　　出爐、放涼即可。

6　發酵奶油、細砂糖攪拌勻
　　勻，加入煉乳拌勻即成抹醬
　　（圖3）。將麵包橫剖切開
　　（不切斷），抹上內餡即
　　可。

乳酪麵包條

- 製作方式：直接法
- 參考數量：9 個

口感	軟 □□□■□□ 硬
口味	甜 □■■□□□ 鹹
難易	易 ■■□□□ 難

Ingredients 　麵團

A 高筋麵粉 800g、法國粉 200g、細砂糖 160g、鹽 15g、
奶油乳酪 150g、鮮奶 150g、全蛋 100g、新鮮酵母 30g、
奶粉 40g、煉乳 30g、水 300g

B 無鹽奶油 80g

表面裝飾

奶油、細砂糖、奶粉、糖粉適量

Methods 　製作

混和攪拌

1 將材料A先用慢速攪拌混和，轉快速攪拌至有彈性（擴展），加入奶油轉慢速拌勻，轉快速攪拌至完全擴展即可（麵團溫度約27℃）。

基本發酵

2 將麵團放入容器中，基本發酵（約30分鐘），翻麵（約20分鐘）。

分割滾圓、中間發酵

3 將麵團分割成小團、滾圓（200g×9個），蓋上保鮮膜，中間發酵（約40分鐘）。

整型、最後發酵

3 將麵團拍出空氣，擀成長條狀，捲成圓條、略搓長，最後發酵（約30分鐘），在表面淺劃刀紋、擠上奶油。

烘焙、脫模

4 放入烤箱，以上火190℃／下火200℃，烤約18-20分鐘，出爐，撒上奶粉、糖粉即可（圖1）。

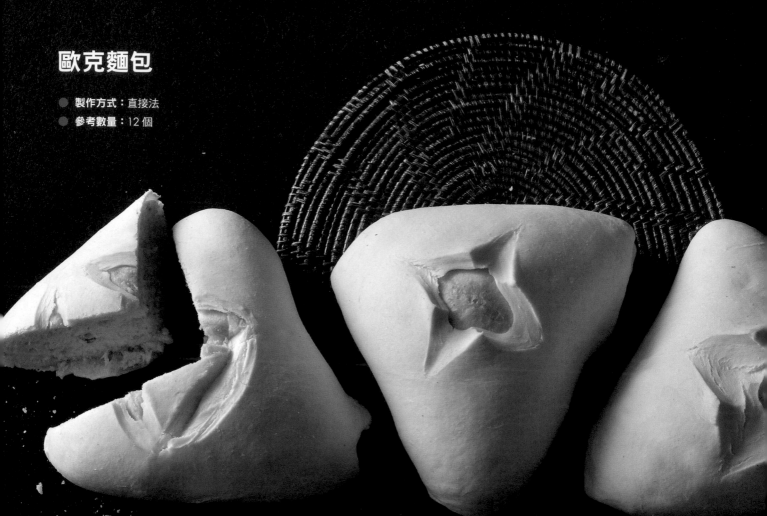

Oko Bread

歐克麵包

● 製作方式：直接法
● 參考數量：12 個

Ingredients **麵團**

法國粉 700g、高筋麵粉 200g、穀物粉 100g、細砂糖 80g、
蜂蜜 30g、速溶乾酵母 10g、鹽 18g、橄欖油 60g、水 680g

歐克皮

高筋麵粉 1000g、無鹽奶油 400g、細砂糖 100g、鹽 10g、水 550g

Methods　製作

歐克皮

1　將所有材料（除奶油）用慢速攪拌均勻，轉快速攪拌至有彈性，加入奶油用慢速拌勻後，再轉快速攪打至擴展（圖1-2），放入容器中，鬆弛20分鐘，分割小團、滾圓（約60g），冷藏備用。

★ 歐克皮中也可添加黑芝麻（約10g）或海苔粉（約5g）來變化口味外觀。

混和攪拌

2　將麵團材料先用慢速攪拌混和，轉快速攪拌至完全擴展階段即可。

基本發酵

3　將麵團放入容器中，基本發酵（約30分鐘），翻麵（約20分鐘）。

分割滾圓、中間發酵

4　將麵團分割成小團、滾圓（150g×12個），蓋上保鮮膜，中間發酵約40分鐘。

整型、最後發酵

5　將麵團朝三邊擀開，擀成三角狀（圖3-5），並由擀

開的三邊朝中央拉合疊起（圖6-8），翻面、塑成三角狀（圖9）。

6　將歐克皮朝三邊擀開，擀成三角狀（圖10），放上麵團（圖11）由三邊拉起、包覆住麵團、三邊接口處捏合（圖12-13），放發酵帆布中，最後發酵（約30分鐘），表面斜劃刀口（圖14）。

烘焙、脫模

7　放入烤箱，以上火180℃／下火200℃，烤約18分鐘，出爐，放涼。

Chocolate Bread

黑岩巧克力花結

- **製作方式**：直接法
- **參考數量**：21 個

Ingredients **麵團**

A 高筋麵粉 1000g、鹽 15g、細砂糖 150g、
　奶粉 40g、蜂蜜 30g、全蛋 100g、
　可可粉 15g、水 650g、新鮮酵母 30g

B 無鹽奶油 120g

C 水滴巧克力 150g

內餡

發酵奶油適量

Methods　製作

混和攪拌

1　將材料A用慢速攪拌混和，加入酵母、水拌勻，轉快速攪打至有彈性（擴展），加入材料B用慢速拌勻，再轉快速攪拌至完全擴展，加入水滴巧克力慢速拌勻即可。

基本發酵

2　將麵團放入容器中，基本發酵（約30分鐘），翻麵（約20分鐘）。

分割滾圓、冷藏鬆弛

3　將麵團分割成小團、滾圓（300g×7個），蓋上保鮮膜，冷藏鬆弛（約20分鐘）。

★ 冷藏鬆弛至好操作。

整型、最後發酵

4　將麵團擀開成長片狀40cm×寬8cm，在約1/2側邊抹上發酵奶油（圖1），並將麵皮向內翻折疊合（圖2）、表面再抹上發酵奶油（圖3），並將另一邊麵皮向內翻折覆蓋（圖4），放入塑膠袋，冷藏約20分鐘。

5　擀平成厚約0.3片狀，稍冷凍，擀平後（圖5），分切成3等份（每條重約100g）（圖6），再滾動扭轉成條、稍拉長（圖7）。

6　取一端先彎折2次（圖8），再順著麵團纏繞2圈（圖9-11），並由圓孔處繞出（圖12），形成花結（圖13），最後發酵（約30分鐘），刷上全蛋液（圖14）。

★ 刷上蛋液稍風乾後再烤，能增加亮澤度。

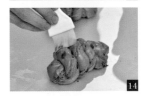

烘焙、脫模

7　放入烤箱，以上火185℃／下火200℃，烤約16-18分鐘，出爐，放涼。

Brioche

布里歐杏仁葡萄卷

- **製作方式**：直接法
- **使用模型**：圓形紙模
- **參考數量**：19 個

口感 軟□■□□□硬　口味 甜■□□□□鹹　難易 易□□■□□難

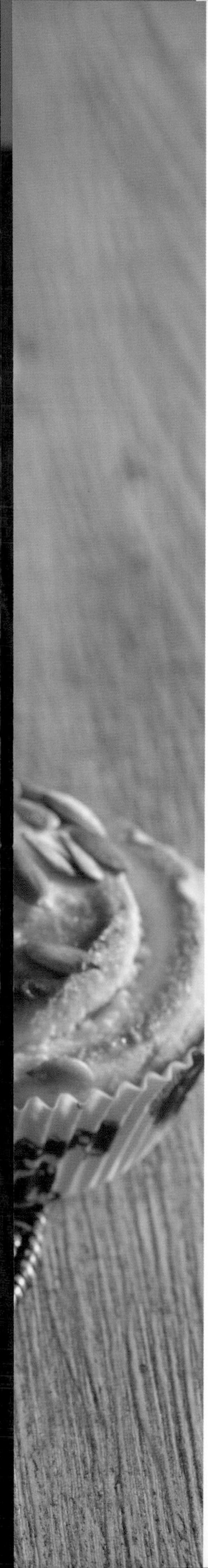

Ingredients 麵團

A 高筋麵粉 800g、法國粉 200g、
細砂糖 150g、鹽 18g、蛋黃 100g、
全蛋 300g、鮮奶 350g、新鮮酵母 30g

B 無鹽奶油 300g

內餡（杏仁餡）

無鹽奶油 400g、細砂糖 400g、
全蛋 350g、杏仁粉 300g、
葡萄乾 150g、低筋麵粉 120g

表面裝飾

全蛋液、杏仁片、糖粉

Methods 製作

杏仁餡

1 將奶油、細砂糖攪拌均勻，分次加入全蛋液拌至完全融合，加入杏仁粉、低筋麵粉拌勻，拌入葡萄乾即可（**圖1**）。

1

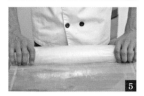

混和攪拌

2 將材料A先用慢速攪拌混和，轉快速攪拌至有彈性（擴展），加入奶油用慢速拌勻後，轉快速攪拌至完全擴展。

基本發酵

3 將麵團放入容器中，基本發酵（約30分鐘），翻麵（約20分鐘）。

分割滾圓、冷藏鬆弛

4 將麵團拍平，用塑膠袋包好，冷藏鬆弛（約20分鐘）。

整型、最後發酵

5 將麵團擀成長36cm×寬30cm片狀，抹上杏仁餡（**圖2**），捲起成圓筒狀（**圖3-4**），用塑膠袋包好稍冷凍（**圖5**）。

2

3

4

5

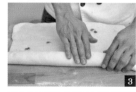

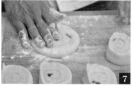

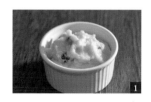

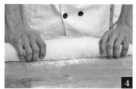

6 略冷硬後分切成小團（重約100g）（**圖6**），拍壓扁（**圖7**）並以拍壓面朝上放入紙模中，最後發酵（約30分鐘），表面刷上全蛋液（**圖8**）、撒上南瓜子（或杏仁片、葡萄乾等）（**圖9**）。

★ 捲好的麵團稍冷凍冰硬後再分切會較好操作。

★ 麵團不需刻意捲太緊，會沒有發酵膨脹的餘地，自然捲起烤好後會形成層次紋路。

6

7

8

9

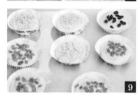

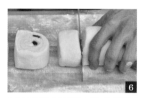

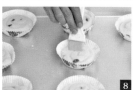

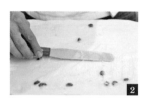

烘焙、脫模

7 放入烤箱，以上火185℃／下火200℃，烤約18-20分鐘出爐、撒上糖粉即可。

Panettone

潘妮朵芮

又稱「米蘭大麵包」，是義大利經典的聖誕水果麵包。
傳統Panettone是以天然菌種製作，麵團經過長時間
發酵，並加入各式的蜜漬果乾，做成圓筒式造型。吃法
別於一般麵包，烤好密封存放，味道充分融合後風味最
佳，佐以口味清淡茶類或水果酒風味口感相乘。

● **製作方式**：連續種法
● **使用模型**：中型哈雷紙模
● **參考數量**：19 個

Ingredients

中種麵團

A 高筋麵粉 100g、新鮮酵母 5g、
  鮮奶 100g、香橙酒 20g

B 蛋黃 300g、全蛋 100g、鹽 15g、
  細砂糖 120g、蜂蜜 80g

C 高筋麵粉 500g、新鮮酵母 10g

主麵團

D 水 150g、鮮奶 150g、
  高筋麵粉 400g、新鮮酵母 15g、
  發酵奶油 300g

E 葡萄乾 200g、蜜漬橘香絲 100g、
  核桃 200g、檸檬皮 30g

表面裝飾

全蛋液、細砂糖適量

Methods　製作

中種麵團

1　材料A攪拌均勻，放入容器中，冷藏（約4℃）發酵約12小時（圖1-2）。

★ 中種麵團以冷藏發酵，較容易與高糖量、多油脂、多蛋量材料攪打成團。

2　將作法1、材料B用慢速攪拌均勻，加入材料C攪拌勻至成光滑麵團，放入容器，室溫發酵約3小時。

主麵團—混和攪拌

3　將作法2與材料D中的水、鮮奶用慢速攪拌均勻，加入高筋麵粉、新鮮酵母攪拌混和後轉快速攪拌至擴展，再加入發酵奶油用慢速攪拌勻後，轉快速攪拌至光滑具延展性，加入材料E拌勻即可。

★ 麵團內的奶油含量高，可將奶油切小塊，較易與麵團混和拌勻。

基本發酵

4　將麵團放入容器中，基本發酵（約30分鐘）（圖3）。

分割滾圓、中間發酵

5　將麵團分割小團、滾圓（150g×19個），蓋上保鮮膜，中間發酵（約30分鐘）。

整型、最後發酵

6　將麵團拍壓出空氣（圖4），向上折1/3、前端向下折1/3（圖5），翻面略拍扁，轉向直角呈長條狀後再折3折（圖6），折線朝下，整成圓球狀（圖7），放入紙模中（圖8），最後發酵（約40分鐘），表面刷全蛋液（圖9）、剪出十字切口（圖10），放上奶油（圖11）、撒上細砂糖（圖12）。

烘焙、脫模

7　放入烤箱，以上火185℃／下火200℃，烤約18分鐘，出爐、待涼。

★ 此麵團是以連續種法製作，多種法發酵產生酒精會使麵團風味、上色更好。

越南麵包

● **製作方式：**直接法
● **參考數量：**12個

口感 軟 ■■□□□□ 硬
口味 甜 ■□□□□ 鹹
難易 易 □□□■□□ 難

Ingredients　**麵團**

　A　法國粉 1000g、細砂糖 100g、
　　　鹽 18g、蛋黃 100g、新鮮酵母 35g、
　　　鮮奶 400g、水 100g

　B　無鹽奶油 450g

　C　蜜漬蓮子 300g、白巧克力碎片 300g

1

Methods　**製作**

混和攪拌

1 將材料A用慢速攪拌均勻，
轉快速攪拌至有彈性（擴
展），分2次加入奶油慢速
拌勻後，轉快速攪拌至完全
擴展（光滑有彈力），加入
材料C慢速拌合（攪拌好麵
團溫度約25-26℃）。

★ 此款與海綿巨蛋皆屬高油脂
類麵包，攪拌時要注意溫度
狀況，若溫度過高，組織會
變得粗糙。

基本發酵

2 將麵團放入容器中，基本
發酵（約30分鐘），翻麵
（約20分鐘）。

分割滾圓、中間發酵

3 將麵團分割折成長條狀
（200g×12個），蓋上保
鮮膜，中間發酵（約30分
鐘）。

整型、最後發酵

4 將麵團整型成橄欖形（圖
1），放發酵帆布上，最後
發酵（約30分鐘）。

烘焙、脫模

5 放入烤箱，以上火190℃／
下火200℃，烤約18-20分
鐘。

希臘麵包

- 製作方式：直接法
- 參考數量：20 個

口感 軟▢▢▢▢▢硬
口味 甜▢▢▢▢▢鹹
難易 易▢▢▢▢▢難

Ingredients 麵團

A 法國粉 1000g、細砂糖 60g、
鹽 10g、速溶乾酵母 10g、
肉桂粉 5g、全蛋 200g、
鮮奶 400g、水 50g

B 無鹽奶油 400g

Methods 製作

混和攪拌
1 將材料A用慢速攪拌混和，
轉快速攪拌至有彈性（擴
展），加入奶油轉慢速拌
勻，轉快速攪拌至完全擴展
即可。

基本發酵
2 將麵團放入容器中，基本發
酵（約20分鐘）。

分割滾圓、中間發酵
3 將麵團分割成小團、滾圓
（100g×20個），用塑膠
袋包好冷藏約20分鐘。

整型、最後發酵
4 將麵團擀成長條狀後捲起
成圓筒狀，冷藏鬆弛（約
20分鐘），再擀長片、擠
壓出空氣，表面刷上全蛋
液、撒上細砂糖。

烘焙、脫模
5 放入烤箱，以上火220℃／
下火200℃，烤約12分鐘至
表面乾硬時，取出，切小
塊，入爐以上火150℃／以
下火150℃續烤約30分鐘，
如餅乾般質地，出爐，放
涼。

★ 回烤的溫度需視實際情況調
整。

Pudding Bread

香檸優格麵包布丁

● **製作方式**：直接法
● **使用模型**：圓型紙模、鋁製布丁模
● **參考數量**：32 個

Ingredients 　**麵團**

A　高筋麵粉 900g、低筋麵粉 100g、細砂糖 150g、
　　鹽 15g、奶粉 60g、新鮮酵母 30g、蛋黃 60g、
　　水 650g、原味優格 100g

B　無鹽奶油 60g

　　內餡 （乳酪餡）
　　奶油乳酪 750g、蜂蜜 60g、檸檬汁 60g、檸檬皮 60g

　　表面裝飾 （布丁餡）
　　鮮奶 975g、無鹽奶油 88g、水 500g、細砂糖 150g、
　　全蛋 3 個、鮮奶 125g、布丁粉 215g

Methods　**製作**

製作內餡（乳酪餡）

1 將乳酪、蜂蜜攪拌均勻，加入檸檬汁、檸檬皮混和拌勻即可。

混和攪拌

2 將材料A先用慢速攪拌混和，轉快速攪拌至擴展階段，再加入奶油慢速攪拌均勻，轉快攪拌至呈光滑延展性。

基本發酵

3 將麵團放入容器中，基本發酵（約30分鐘），翻麵（約20分鐘）。

分割滾圓、中間發酵

4 將麵團分割成小團、滾圓（65g×32個），蓋上保鮮膜，中間發酵（約30分鐘）。

整型、最後發酵

5 將麵團略拍扁，放入乳酪餡（約30g）（圖**1**），捏合收口整成圓球狀（圖**2-3**），放入紙模（圖**4**），最後發酵（約30分鐘），稍壓平均，放入鋁製布丁模（圖**5**），再壓蓋上一層烤盤（圖**6**）。

烘焙、脫模

6 放入烤箱，以上火220℃／下火200℃，烤約12分鐘上色後，取出烤盤，續烤約4分鐘，出爐、脫模放涼。

製作布丁液

7 蛋、鮮奶、布丁粉打勻。鮮奶、奶油、水、細砂糖用大火邊拌邊煮至沸騰，轉小火拌煮約30秒，離火，倒入蛋液中拌勻（圖**7**），回煮至沸騰，離火，過濾（圖**8**），用紙巾拭除氣泡（圖**9**）。

★ 煮布丁液時需不時的攪動，避免燒焦。

8 在麵包表面凹陷處，倒入布丁餡（圖**10-11**），待冷卻，撒上檸檬皮、糖粉（圖**12**）即可。

★ 倒入布丁待冷卻後冷藏，若在溫熱狀態即冷藏，會造成布丁的塌陷影響美觀。

Melaleuce

千層彩衣

● **製作方式**：直接法
● **使用模型**：圓形紙模
● **參考數量**：36 個

Ingredients　麵團

A 高筋麵粉 1000g、細砂糖 180g、鹽 10g、
奶粉 40g、蜂蜜 30g、新鮮酵母 30g、
全蛋 100g、奶油乳酪 100g、水 600g

B 無鹽奶油 120g

歐克皮

C 高筋麵粉 1000g、無鹽奶油 400g、
細砂糖 100g、鹽 10g、水 550g

D （油酥皮）低筋麵粉 450g、
無鹽奶油 200g、抹茶粉適量

內餡

芋頭餡（或綠豆餡）720g

Methods　製作

歐克皮

1 歐克皮製作參照P44-45
「歐克麵包」**作法1**。分割
小團、滾圓（約50g），冷
藏鬆弛（約20分鐘）。

2 將材料D用慢速攪拌均勻，
分割成小團（40g×18
個）、擀平。

3 將**作法1**包入**作法2**（圖
1-3），鬆弛約10分鐘，擀
平（圖**4**），將麵皮前後對
折約1/3（圖**5-6**），轉向直
角（圖**7**），擀平（圖**8**），
再由側邊對折、擀平（圖
9-10），捲起成圓筒狀（圖
11-12），鬆弛約15分鐘，
對切成二（圖**13-14**）。

4

5

6

7

8

9

10

11

12

13

14

4 將切口面沾上高筋麵粉（**圖
15**），以沾粉面朝下（**圖
16**）擀成圓片（**圖17**）。

★ 材料D中的抹茶粉，也可用
可可粉、咖啡粉或芋頭香
料、紅麴粉等做變化。

15

16

17

混和攪拌

5 將材料A先用慢速攪拌混
和，轉快速攪拌至擴展，加
入奶油用慢速拌勻，再轉快
速攪拌至完全擴展（麵團溫
度約27℃）。

基本發酵

6 將麵團放入容器中，基本
發酵（約30分鐘），翻麵
（約20分鐘）。

分割滾圓、中間發酵

7 將麵團分割成小團、滾圓
（60g×36個），蓋上保
鮮膜，中間發酵（約30分
鐘）。

整型、最後發酵

8 將麵團滾圓、壓扁，包入
內餡（20g）捏合（**圖18-
20**），表面覆蓋上**作法4**
（**圖21**），捏合塑成圓球形
（**圖22-23**），放入圓形紙
模中（**圖24**），最後發酵
（約30分鐘）（**圖25**）。

20

21

22

23

24

25

18

19

烘焙、脫模

9 放入烤箱，以上火185℃／
下火200℃，烤約16-18分
鐘，出爐。

Bread

巧克螺旋麵包卷

- 製作方式：直接法
- 參考數量：20 個

Ingredients **麵團**

A 無鹽奶油 113g、鹽 10g、細砂糖 190g、全蛋 3 個、水 250g、新鮮酵母 30g

B 中筋麵粉 1000g

C 可可粉 20g

Methods **製作**

混和攪拌

1 將材料A先用慢速攪拌混和，再加入中筋麵粉拌勻，轉快速攪拌至有彈性（擴展）。

2 將麵團分切成二等份，取一份加入可可粉揉拌均勻，即成可可麵團。

冷凍鬆弛

3 將麵團分別用塑膠袋包好，冷凍鬆弛約15分鐘。

整型、最後發酵

4 白麵團、可可麵團（**圖1**）分別用壓麵機延壓至光滑（**圖2-4**），回來延壓約3-4次至成長80cm×寬17cm×厚0.5cm。

5 白麵團表面鋪上可可麵團（**圖5**），從較長邊往下捲起成圓筒狀（**圖6-8**），鬆弛約20分鐘，分切成每個長約6cm小麵團（約80g）（**圖9**），放入烤盤中（**圖10**），蓋上保鮮膜，最後發酵（約30分鐘），表面刷上奶水（**圖11**）。

★ 表面可用奶水或鮮奶來塗刷，增進亮澤、風味。

烘焙、脫模

6 放入烤箱，以上火200℃／下火190℃，烤約18分鐘，出爐（**圖12**）。

可可羅宋

● 製作方式：直接法
● 參考數量：17 個

口感	軟 ■□□□□ 硬
口味	甜 ■□□□□ 鹹
難易	易 □□■□□ 難

Ingredients　麵團

A　無鹽奶油 113g、鹽 10g、細砂糖 190g、
　　全蛋 3 個、水 250g、新鮮酵母 30g

B　中筋麵粉 1000g

C　可可粉 20g

Methods　製作

混和攪拌

1　可可麵團作法參見「巧克
　　螺旋麵包卷」P62-63作法
　　1-4。（延壓成厚約0.7片
　　狀）

整型、最後發酵

2　將可可麵團分割成小團（約
　　100g），搓成圓錐狀（圖
　　1-2），從中間底下擀開
　　（圖**3**），延展至上端擀平
　　（圖**4-5**）。

3　將擀平麵皮由上端往下捲
　　起成圓筒狀（圖**6-7**），收
　　口朝底貼合（圖**8**），放入
　　烤盤中，蓋上保鮮膜，最
　　後發酵（約30分鐘），在
　　表面切割一刀後（圖**9**），
　　並在直切口的內面再切割出

長度約2/3的第二道切口，
再切割出長度約1/3的第三
道，切口處放入奶油（圖
10），烤盤縫隙中也放入
奶油（圖**11**）。

★ 漸進依序有層次的切割出切
　口，烤好的產品會形成有層
　次的斷面。

★ 烤盤內放入奶油一起烤，讓
　油脂吸附會更香。

烘焙、脫模

4　放入烤箱，以上火200℃／
　　下火190℃，烤約5分鐘、
　　先薄刷上奶油，再每隔烤約
　　3分鐘刷一次（共烤約15分
　　鐘），出爐、刷上奶油。

★ 烤焙過程中分次刷上奶油會
　更香。

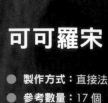

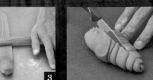

聖多諾貝

- **製作方式：**直接法
- **參考數量：**46 個

口感　軟□□□■□□硬
口味　甜■□□□□□鹹
難易　易□■□□□難

Ingredients　麵團

A　高筋麵粉 800g、低筋麵粉 200g、新鮮酵母 30g、
　　鹽 20g、細砂糖 80g、蛋黃 300g、鮮奶 300g、
　　鮮奶油 150g

B　發酵奶油 450g

內餡

奶油餡適量

表面裝飾

全蛋液、糖粉、杏仁角適量

Methods　製作

混和攪拌

1　將材料A（水溫約2℃）先
　用慢速攪拌混和，轉快速攪
　拌至擴展，再加入發酵奶油
　用慢速拌勻後，轉快速攪拌
　至呈光滑具延展性（麵團溫
　度約25℃）。

基本發酵

2　將麵團放入容器中，基本發
　酵（約40分鐘）。

分割滾圓、中間發酵

3　將麵團分割小團、滾圓
　（50g×46個），蓋上保鮮
　膜，中間發酵約30分鐘。

整型、最後發酵

4　將麵團整型成圓球狀，薄刷
　上一層全蛋液，沾上杏仁
　角（**圖1**），放發酵帆布、
　輕壓扁（**圖2**），最後發酵
　（約30分鐘）。

烘焙、脫模

5　放入烤箱，以上火185℃／
　下火200℃，烤約12-15分
　鐘，出爐、待涼（**圖3**），
　將麵包剖開，擠上奶油餡
　（**圖4**），撒上糖粉即可。

★ 夾心的內餡也可隨個人的喜
　好作變化。

Bread info

奶油餡

材料　鮮奶500g、香草棒1支、發酵奶油30g、細砂糖
　　　50g、低筋麵粉60g、玉米粉10g、蛋黃250g

作法　香草棒刮取香草籽，與鮮奶、發酵奶油煮沸，
　　　備用。另將細砂糖、蛋黃拌勻，加入過篩低筋
　　　麵粉、玉米粉拌勻，再將煮沸香草奶油沖入略
　　　攪拌，回鍋再拌煮至沸騰即可。

Column1

6種豐富口味的美味內餡

6種搭配麵包的美味夥伴！這裡以奶油乳酪為基底，藉由不同的食材混合搭配，來呈現不同的風味，作為內餡或抹醬，讓風味更加多樣化、美味更加倍！

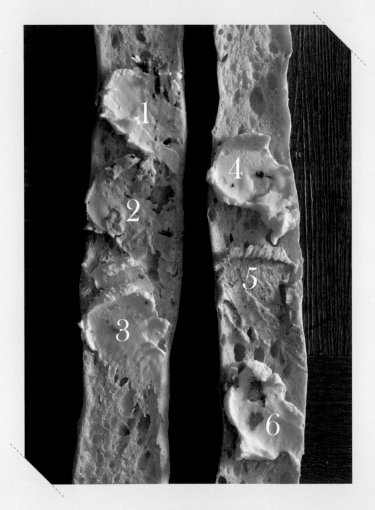

1. 花香玫瑰餡

   材料： 奶油乳酪200g、糖粉80g、煉乳20g、奶粉20g、乾燥玫瑰2g

   作法： 依序攪拌混合均勻。

2. 黑糖奶油餡

   材料： 奶油乳酪200g、黑糖20g、蜂蜜30g、巧克力屑30g、核桃（烤過）60g

   作法： 依序攪拌混合均勻。

3. 檸檬乳酪

   材料： 奶油乳酪200g、糖粉80g、檸檬汁10g、檸檬皮10g

   作法： 依序攪拌混合均勻。

4. 香草奶油餡

   材料： 奶油乳酪200g、糖粉30g、發酵奶油20g、香草棒1/2支

   作法： 香草棒刮取香草籽使用；依序攪拌混合均勻。

5. 麻香奶油餡

   材料： 奶油乳酪200g、蜂蜜30g、發酵奶油20g、黑芝麻粉5g

   作法： 依序攪拌混合均勻。

6. 香草芒果乳酪

   材料： 奶油乳酪200g、糖粉20g、蜂蜜30g、香草棒1/2支、芒果乾150g

   作法： 香草棒刮取香草籽使用；依序攪拌混合均勻。

Part2

特色歐風麵包

Rustique

口感	軟 ☐☐☐■☐☐ 硬
口味	甜 ☐☐☐■☐ 鹹
難易	易 ☐☐☐■☐ 難

巴比倫

● **製作方式**：隔夜液種
● **參考數量**：5 個

Ingredients **中種麵團**（隔夜液種）

> 高筋麵粉 200g、全麥粉 100g、速溶乾酵母 1g、水 300g

> **主麵團**

A　細砂糖 20g、鹽 20g、鮮奶 200g、蜂蜜 30g、水 230g

B　法國粉 500g、全麥粉 200g、速溶乾酵母 7g

Methods **製作**

中種麵團

1 將所有材料用慢速攪拌均勻，放入容器中，室溫（約28℃）發酵約1小時，隔天使用（冷藏約4℃發酵約12小時）。

主麵團—混和攪拌

2 將材料A、中種麵團先用慢速攪拌混和，加入材料B攪拌勻後轉快速攪拌至呈光滑緊實具延展性。

基本發酵

3 將麵團放入容器中，基本發酵（約40分鐘），翻麵（約20分鐘）。

分割滾圓、中間發酵

4 將麵團分割成小團、滾圓（300g×5個），蓋上保鮮膜，中間發酵約30分鐘。

整型、最後發酵

5 將麵團拍出空氣（圖**1**），向上折1/3（圖**2**）、前端向下折1/3（圖**3**），翻面略拍扁，轉向直角成長條折3折（圖**4**）、整型成圓球

狀（圖**5-6**），放發酵帆布上（圖**7**），最後發酵（約40分鐘），表面撒上高筋麵粉，淺劃「井」字紋路（圖**8**）。

烘焙、脫模

6 放入烤箱，入爐後蒸氣一次，3分鐘後再蒸氣一次，以上火230℃／下火200℃，烤約22-25分鐘。

Bread info

所謂的「水合法」，就是將材料中部分的麵粉、水做完全的浸透，經過較長時間的發酵，形成麵筋組織所製成的發酵種。此法多運用在高比例，如全麥粉、裸麥粉、大麥粉、黑麥粉等的製作，以加強其保濕度，製作出的麵包口感較潤澤、較不會乾燥。

「液種法」，就是將材料中部分的麵粉、酵母及水做結合，經過較長時間的發酵，形成麵筋組織，製成的液態酵種，是一種含水較多的柔軟發酵種，可促進水合作用進行，能做出口感潤澤、風味獨特麵包。液種法與水合法的不同在於添加了少量的酵母。當麵筋形成時又配合酵母作用轉換，更強化麵筋組織，此法變化性高，可調整粉與水至1：1與少量酵母結合。很適合低糖低油、無糖無油類歐式麵包製作。

Campagne

全麥鄉村

法文Campagne即為「鄉村」之意,源於法國鄉間的質樸麵包,又圓又大的鄉村麵包並無特別的配料添加,味道單純,越咀嚼越能吃得到濃濃的小麥香氣,作法不一,也是其他法國麵包的基本。

- 製作方式:隔夜液種
- 使用模型:中型藤籃
- 參考數量:4 個

Ingredients **中種麵團**（隔夜液種）

　　高筋麵粉 100g、全麥粉 200g、速溶乾酵母 1g、水 300g

　　主麵團

A　紅糖 30g、鹽 20g、水 350g

B　高筋麵粉 500g、法國粉 200g、速溶乾酵母 9g

Bread info

沒有藤籃的話，整型成圓胖的外型、用刮板切割紋路、用壓模做出花樣，或者分割成小塊的麵團做成小尺寸的麵包也可以，手法非常多樣。

Methods **製作**

中種麵團

1　將所有材料用慢速攪拌均勻，放入容器中，室溫（約28℃）發酵約1小時，隔天使用（冷藏約4℃發酵約12小時）。

主麵團—混和攪拌

2　將材料A、中種麵團先用慢速攪拌混和，加入材料B拌勻後轉快速攪拌至呈光滑緊實具延展性。

基本發酵

3　將麵團放入容器中，基本發酵（約30分鐘），翻麵（約20分鐘）。

分割滾圓、中間發酵

4　將麵團分割成小團、滾圓（380g×4個），蓋上保鮮膜，中間發酵約30分鐘。

整型、最後發酵

5　將藤籃沿著內部藤紋篩撒上高粉（圖1）。

6　將麵團輕拍出空氣（圖

2），向上折1/3、前端向下折1/3（圖3），翻面略拍扁（圖4），轉向直角成長條狀再折3折（圖5），折線朝下，整成圓球狀（圖6）。

7　將收口朝上放入藤籃中（圖7），輕壓表面（圖8），最後發酵（約40分鐘），托住麵團將藤籃倒扣於檯面倒出麵團，在表面淺劃十字（圖9）。

★　將麵團放入藤籃稍做壓合，可讓紋路較清楚的呈現；最後的劃刀有助氣體釋出，避免爆裂，外型也較美觀。

烘焙、脫模

8　放入烤箱，入爐後蒸氣一次，3分鐘後再蒸氣一次，以上火240℃／下火200℃，烤約28分鐘。

Epi

法國香腸麥穗

● **製作方式**：直接法
● **參考數量**：11 個

Ingredients | 麵團

法國粉 800g、裸麥粉 100g、穀物粉 100g、鹽 20g、麥芽精 5g、速溶乾酵母 6g、水 650g、蜂蜜 30g

內餡

德國香腸 11 個

表面裝飾

玫瑰鹽少許、裸麥粉適量

Methods | 製作

混和攪拌

1 將所有材料用慢速充分攪拌混和，轉快速攪拌至呈光滑具延展性（麵團溫度約24℃）。

基本發酵

2 將麵團放入容器中，基本發酵（約30分鐘），翻麵（約20分鐘）。

分割滾圓、中間發酵

3 將麵團分割成小團、折成長條狀（150g×11個），蓋上保鮮膜，中間發酵（約40分鐘）。

整型、最後發酵

4 將麵團整成長片狀、拍扁（圖**1**），放上香腸（圖**2**），包捲起（圖**3**）、捏合收口（圖**4**）、滾動搓長（圖**5**）。

5 撒上裸麥粉，用剪刀呈稍斜在表面剪出6-8個切口（圖**6**），切口朝左右交錯，形成麥穗狀，撒上少許的玫瑰

鹽。放入發酵帆布上，最後發酵（約30分鐘）（圖**7**）。

★ 為防止發酵的麵團沾黏在一起，會將帆布折出凹槽以隔開兩側。

烘焙、脫模

6 放入烤箱，入爐後蒸氣一次，3分鐘後再蒸氣一次，以上火240℃／下火200℃，烤約18分鐘。

法文中「Epi」是麥穗之意，此種麵包形狀細長，
因為用剪刀剪開，左右錯開的形狀，烤後造型有如
麥穗而得名，口感酥脆，常搭配啤酒、紅酒食用。

口感　軟□□■□□硬
口味　甜□□□□■鹹
難易　易□□□□難

大麥黑蜜麵包

● 製作方式：水合法
● 參考數量：3 個

Ingredients　**中種麵團**

大麥粉 200g、水 300g

主麵團

A　水 300g、鹽 20g

B　法國粉 800g、速溶乾酵母 10g、
黑糖蜜 200g

Methods　**製作**

中種麵團

1　將所有材料攪拌均勻，放入容器中，冷藏（約4℃）發酵約15小時，隔天使用。

主麵團—混和攪拌

2　將材料A、作法1用慢速充分攪拌混和，加入法國粉、酵母攪拌均勻，轉快速攪拌至擴展階段，加入黑糖蜜慢速拌勻，再轉快速攪打至完全擴展（麵團溫度約25℃）。

基本發酵

3　將麵團放入容器中，基本發酵（約40分鐘），翻麵（約20分鐘）。

分割滾圓、中間發酵

4　將麵團分割成小團，折成長條狀（600g×3個），蓋上保鮮膜，中間發酵（約40分鐘）。

整型、最後發酵

5　將麵團中的空氣平均拍出，翻面後捲起，搓長、整型橢圓狀（圖1-2），放發酵帆布上，最後發酵（約30分鐘），撒上高筋麵粉，斜劃切口刀紋（圖3）。

烘焙、脫模

6　放入烤箱，先以上火240℃／下火200℃，烤約15分鐘，調整上火220℃／下火200℃，烤約13分鐘。

Bread info

黑糖蜜

呈濃稠狀，是由黑糖與水熬煮加工製成的，添加在麵包中可增添風味，並有上色的效果。

黑麥堅果麵包

● 製作方式：隔夜液種
● 參考數量：6個

口感 軟 □□□□■□ 硬

口味 甜 □□□□■□ 鹹

難易 易 □□□■□□ 難

Ingredients **中種麵團** （隔夜液種）

法國粉 100g、黑麥粉 200g、水 300g、
速溶乾酵母 1g

主麵團

A 麥芽精 5g、鹽 22g、水 400g
B 法國粉 700g、速溶乾酵母 9g
C 松子 150g、核桃 150g

Methods　製作

中種麵團

1 將所有材料用慢速攪拌均勻，放入容器中，室溫（約28℃）發酵約1小時，隔天使用（冷藏約4℃發酵約12小時）。

主麵團—混和攪拌

2 將材料A、中種麵團先用慢速攪拌混和，加入材料B拌勻後轉快速攪拌至擴展，再加入材料C慢速拌勻成光滑具延展性麵團。

基本發酵

3 將麵團放入容器中，基本發酵（約40分鐘），翻麵（約20分鐘）。

分割滾圓、中間發酵

4 將麵團分割成小團折成長條狀（300g×6個），蓋上保鮮膜，中間發酵（約40分鐘）。

整型、最後發酵

5 將麵團中的空氣拍出（圖**1**），捲成橄欖形（圖**2-3**），放發酵帆布上，最後發酵（約30分鐘），表面撒上高筋麵粉，斜劃三刀紋（圖**4**）。

烘焙、脫模

6 放入烤箱，入爐後蒸氣一次，3分鐘後再蒸氣一次，以上火230℃／下火200℃，烤約22分鐘。

1

2

3

4

陽光橘子

- 製作方式：直接法
- 參考數量：6個

口感　軟 □□□□■□ 硬
口味　甜 □□□□■□ 鹹
難易　易 □□■□□ 難

Ingredients 　**麵團**

A　法國粉 800g、裸麥粉 200g、水 680g、蜂蜜 60g
速溶乾酵母 8g、鹽 20g、橄欖油 30g、

B　橘皮丁 100g、蜜漬橘香絲 100g

Methods 　**製作**

混和攪拌
1　將所有材料A先用慢速攪拌均勻，轉快速攪拌至有彈性（擴展），加入材料B慢速拌勻呈光滑具延展性麵團（麵團溫度約25℃）。

基本發酵
2　將麵團放入容器中，基本發酵（約40分鐘），翻麵（約20分鐘）。

分割滾圓、中間發酵
3　將麵團分割成小團、滾圓（300g×6個），蓋上保鮮膜，中間發酵（約40分鐘）。

整型、最後發酵
4　將麵團拍出空氣，向上對折1/3、前端向下折1/3，翻面略拍扁，轉向直角成長條折3折、整型成圓球狀（圖**1-2**），放發酵帆布上，最後發酵（約30分鐘），表面撒上高筋麵粉，淺劃「井」字紋路（圖**3**）。

烘焙、脫模
5　放入烤箱，入爐後蒸氣一次，3分鐘後再蒸氣一次，以上火230℃／下火200℃，烤約22-25分鐘（圖**4**）。

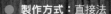

78

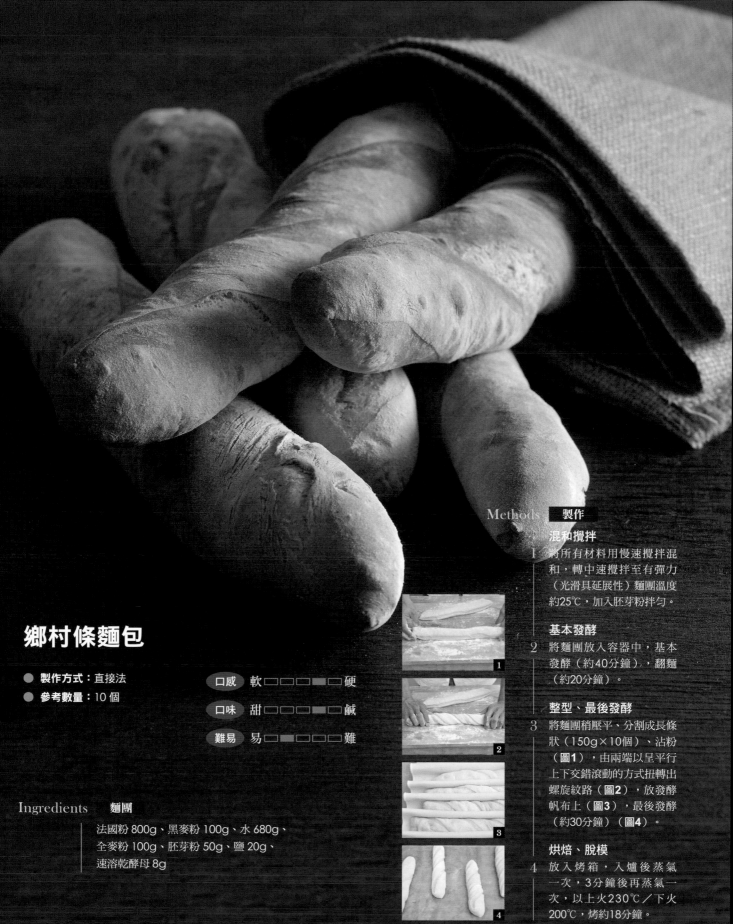

鄉村條麵包

- **製作方式**：直接法
- **參考數量**：10 個

口感	軟□□□□■□硬
口味	甜□□□□■鹹
難易	易□■□□□難

Ingredients 麵團

法國粉 800g、黑麥粉 100g、水 680g、
全麥粉 100g、胚芽粉 50g、鹽 20g、
速溶乾酵母 8g

Methods　製作

混和攪拌

1　將所有材料用慢速攪拌混和，轉中速攪拌至有彈力（光滑具延展性）麵團溫度約25℃，加入胚芽粉拌勻。

基本發酵

2　將麵團放入容器中，基本發酵（約40分鐘），翻麵（約20分鐘）。

整型、最後發酵

3　將麵團稍壓平、分割成長條狀（150g×10個）、沾粉（**圖1**），由兩端以呈平行上下交錯滾動的方式扭轉出螺旋紋路（**圖2**），放發酵帆布上（**圖3**），最後發酵（約30分鐘）（**圖4**）。

烘焙、脫模

4　放入烤箱，入爐後蒸氣一次，3分鐘後再蒸氣一次，以上火230℃／下火200℃，烤約18分鐘。

79

Baguette

法式甜椒乳酪

● 製作方式：直接法
● 參考數量：6 個

Ingredients　麵團

A　法國粉 800g、高筋麵粉 200g、
　　水 680g、細砂糖 20g、鹽 15g、
　　速溶乾酵母 8g

B　蜂蜜 80g

C　甜椒絲 150g

表面裝飾
乳酪絲適量

口感　軟□□■□□硬
口味　甜□□□□■鹹
難易　易□□■□□難

Methods　製作

混和攪拌

1　將所有材料A轉快速攪拌
　至有彈性（擴展）（圖
　1-2），加入材料B慢速拌
　勻，再轉快速攪拌至呈光滑
　緊實具延展性（圖3），加
　入材料C拌勻。

★ 蜂蜜具有糖粉、水分若與所
　有材料同時加入攪拌麵團
　時，易造成溫度高而增加攪
　拌上的困難度，且一旦溫度
　升高也會破壞蜂蜜的風味。

基本發酵

2　將麵團放入容器中，基本
　發酵（約40分鐘），翻麵
　（約20分鐘）。

分割滾圓、中間發酵

3　將麵團分割成長條狀
　（300g×6個），蓋上保鮮
　膜，中間發酵約30分鐘。

整型、最後發酵

4　將麵團拍出空氣（圖4），
　從外側向下折1/3，再從內
　側向上折1/3（圖5-6），按
　壓接合口處形成溝槽，再由
　溝槽處對摺成半（圖7），
　按壓接合口使其確實黏合，

揉搓成長狀（圖8），收口
朝下放發酵帆布上，最後發
酵約30分鐘，撒上高筋麵
粉，斜劃刀紋（或壓洋蔥
片、撒胡椒粉）（圖9），
噴水，撒上乳酪絲。

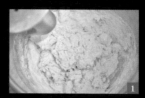

烘焙、脫模

5　放入烤箱，入爐後蒸氣
　一次，3分鐘後再蒸氣一
　次，以上火230℃／下火
　200℃，烤約22分鐘。

Baguette

全麥乾果

- 製作方式：直接法
- 參考數量：7個

口感　軟 □□□ ■ □□ 硬

口味　甜 □□□□ ■ 鹹

難易　易 □□ ■ □□ 難

Ingredients　麵團

A　法國粉 700g、全麥粉 300g、紅糖 80g、鹽 20g、
　　奶粉 20g、蜂蜜 30g、水 680g、速溶酵母 10g

B　無鹽奶油 100g

C　核桃 100g、桔皮丁 100g、葡萄乾 100g

表面裝飾

全蛋液適量、燕麥片適量

Methods　製作

混和攪拌

1　將所有材料A先用慢速充分攪拌均勻，再轉快速攪拌至有彈性（擴展）加入材料B慢速拌勻，轉快速攪拌至光滑緊實具延展性，加入材料C拌勻。

基本發酵

2　將麵團放入容器中，基本發酵（約30分鐘），翻麵（約20分鐘）。

分割滾圓、中間發酵

3　將麵團分割成小團、滾圓（300g×7個），蓋上保鮮膜，中間發酵約30分鐘。

整型、最後發酵

4　將麵團拍出空氣，向上折1/3、前端向下折1/3，翻面略拍扁，轉向直角成長條折3折、整型成圓球狀（圖1-3），表面刷上全蛋液（圖4）、沾上燕麥片（圖5），放入發酵帆布上，最後發酵（約30分鐘）。

烘焙、脫模

5　放入烤箱，入爐後蒸氣一次，3分鐘後再蒸氣一次，以上火230℃／下火200℃，烤約22分鐘。

墨魚法國

● 製作方式：直接法
● 參考數量：21 個

口感	軟 ☐☐☐☐☐ 硬
口味	甜 ☐☐☐☐☐ 鹹
難易	易 ☐☐☐☐☐ 難

Ingredients　麵團

法國粉 1000g、麥芽精 5g、
鹽 22g、墨魚粉 10g、水 700g、
速溶乾酵母 8g

內餡　（鮪魚餡）

鮪魚罐 150g、洋蔥碎 50g、
檸檬皮少許、黑胡椒粉少許

表面裝飾

沙拉醬適量、海苔粉適量

Methods　製作

製作鮪魚餡
1 鮪魚罐瀝乾油分、搗碎，加
　入洋蔥末、檸檬皮、黑胡椒
　粉混和拌勻。

混和攪拌
2 將材料A先用慢速充分攪拌
　均勻，轉快速攪拌至光滑有
　彈力（麵團溫度約25℃）。

基本發酵
3 將麵團放入容器中，基本
　發酵（約40分鐘），翻麵
　（約20分鐘）。

分割滾圓、中間發酵
4 將麵團分割成小團、滾圓
　（80g×21個），蓋上保鮮
　膜，中間發酵約40分鐘。

整型、最後發酵
5 將麵團稍滾圓、放入鮪魚
　餡（圖1），對折捏合整型
　成橄欖狀（圖2），收口朝
　下，放發酵帆布上，最後
　發酵（約30分鐘），薄刷
　上橄欖油，剪出十字刀口
　（圖3），擠入沙拉醬（圖
　4）。
　★ 口味內餡，也可用燻雞肉、
　　玉米、火腿、蔬菜來變化。

烘焙、脫模
6 放入烤箱，入爐後蒸氣
　一次，3分鐘後再蒸氣一
　次，以上火230℃／下火
　200℃，烤約18分鐘，取
　出，撒上少許海苔粉。

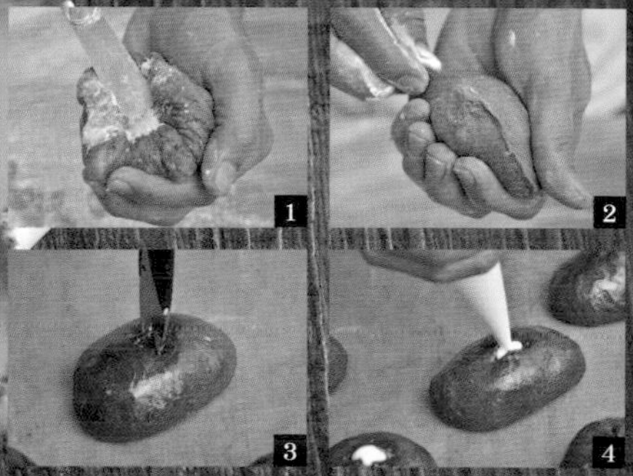

Rosell Bread

蜜釀洛神花漾麵包

- 製作方式：直接法
- 參考數量：24 個

Ingredients   **麵團**

A   法國粉 200g、高筋麵粉 800g、細砂糖 30g、
煉乳 50g、蜂蜜 100g、全蛋 100g、
速溶乾酵母 10g、鹽 18g、水 480g

B   洛神花乾 200g、紅酒 100g

     外皮

歐克麵團 960g

Methods　製作

酒漬洛神花

1　洛神花乾加入紅酒浸泡一晚至入味（使用時瀝乾水分）。

歐克皮

2　歐克皮製作參照P44-45「歐克麵包」作法1。分割小團、滾圓（約40g），冷藏備用。

混和攪拌

3　將材料A先用慢速充分攪拌均勻，再轉快速攪拌至光滑具延展性，加入材料B慢速拌勻。

基本發酵

4　將麵團放入容器中，基本發酵（約40分鐘），翻麵（約20分鐘）。

分割滾圓、中間發酵

5　將麵團分割成小團、滾圓（80g×24個），蓋上保鮮膜，中間發酵約40分鐘。

整型、最後發酵

6　將麵團略拍扁（圖1），向上折1/3、前端向下折1/3（圖2-3），翻面略拍扁，轉向直角呈長條狀後再折3折（圖4），折線朝下，整成圓球狀（圖5）。

7　將歐克皮擀平擀平（圖6），放上麵團（圖7），捏合收口整成圓球狀（圖8-9），放發酵帆布上，最後發酵（約40分鐘）（圖10），篩上高筋麵粉（圖11），剪出十字切口（圖12）。

烘焙、脫模

8　放入烤箱，入爐後蒸氣一次，3分鐘後再蒸氣一次，以上火220℃／下火200℃，烤約18分鐘，出爐，放涼。

Dutch Bread

拉基洛夫

- 製作方式：直接法
- 參考數量：6個

Ingredients 麵團

A 法國粉 900g、高筋麵粉 100g、
　速溶乾酵母 8g、鹽 18g、
　細砂糖 20g、奶粉 40g、水 650g、
　蛋白 100g

B 無鹽奶油 60g、蜂蜜 80g

脆皮

啤酒 300g、裸麥粉 180g、速溶乾酵母 3g

口感　軟 □□□□■□ 硬
口味　甜 □□□□■□ 鹹
難易　易 □□■□□ 難

Methods　製作

混和攪拌

1 將材料A先用慢速攪拌混
　和，轉快速攪拌至有彈性
　（擴展），再加入奶油用慢
　速拌勻，加入蜂蜜再以快速
　攪拌至呈光滑具延展性。

基本發酵

2 將麵團放入容器中，基本
　發酵（約40分鐘），翻麵
　（約20分鐘）。

分割滾圓、中間發酵

3 將麵團分割成長條狀
　（300g×6個），蓋上保
　鮮膜，中間發酵（約30分
　鐘）。

4 製作脆皮液。將所有材料B
　攪拌混和均勻，靜置發酵約
　1小時（圖1）。

　★ 裸麥粉會吸收水分，烘烤後
　　會形成裂紋；脆皮液一定要
　　發酵膨脹後才可使用。
　★ 黑啤酒素有「液體麵包」之
　　美譽，用黑麥啤酒做出的風
　　味較香且色澤漂亮，其他啤
　　酒也可以，但效果較差。

整型、最後發酵

5 將麵團拍出空氣（圖2），
　向下折1/3、向上折1/3，
　按壓接合口處形成溝槽，再
　由溝槽處對摺成半，按壓接
　合口使其確實黏合，揉搓成
　長條狀（圖3-6），放發酵
　帆布上，最後發酵（約15
　分鐘）後，移置爐架上，刷

上脆皮液（圖7），繼續發
酵（約15分鐘）。

烘焙、脫模

6 放入烤箱，入爐後蒸氣
　一次，3分鐘後再蒸氣一
　次，以上火230℃／下火
　200℃，烤約25分鐘。

又稱荷蘭虎皮麵包（Dutch Bread），
源於荷蘭，又因做好的麵團會在表面塗
刷上一層發酵過的米粉漿，烘烤後粉漿
會裂開形成漂亮裂紋，狀似老虎花紋故
而得名，外皮酥內軟香Q。

Dutch Bread

Brandied Longan

酒釀桂圓

● 製作方式：酵母液
● 參考數量：3 個

Ingredients　**麵團**

A　細砂糖 30g、鹽 15g、紅酒 113g、水 50g

B　高筋麵粉 200g、速溶乾酵母 8g

C　桂圓乾 200g、葡萄乾 200g、核桃 100g、胚芽粉 30g

葡萄菌水種

高筋麵粉 550g、速溶乾酵母 3g、葡萄菌水 130g、水 250g

Methods　製作

葡萄菌水

1　葡萄菌水製作參見P96。

葡萄菌水種

2　將所有材料用慢速攪拌均匀，轉中速攪拌至光滑狀，放入容器中，室溫（約28℃）發酵約1小時，隔天使用（冷藏約4℃發酵約12小時）（圖1-2）。

麵團—混和攪拌

3　將材料A、葡萄菌水種用慢速攪拌混和，加入材料B攪拌均匀，轉快速攪拌至擴展，依序加入材料C攪拌至光滑呈延展性即可。

基本發酵

4　將麵團放入容器中（圖3），基本發酵（約40分鐘）（圖4），翻麵（約20分鐘）（圖5）。

分割滾圓、中間發酵

5　將麵團分割成小團、滾圓（600g×3個），蓋上保鮮膜，中間發酵約30分鐘。

整型、最後發酵

6　將麵團拍出空氣（圖6），向上折1/3、前端向下折1/3（圖7），翻面略拍扁，轉向直角呈長條狀後再折3折（圖8），折線朝下，整成圓球狀（圖9），鬆弛約15分鐘，再滾圓一次（圖10），放發酵帆布上，最後發酵（約40分鐘），撒上高筋麵粉，淺劃出紋路（圖11）。

★ 第一次滾圓、鬆弛後，再做滾圓一次可促進膨脹力道，烤好後會較酥脆較堅挺。

烘焙、脫模

7　放入烤箱，入爐後蒸氣一次，3分鐘後再蒸氣一次，以上火230℃／下火200℃，烤約22分鐘（圖12）。

Fermented Litchi

荔香麵包

● 製作方式：酵母液
● 參考數量：3 個

Ingredients　麵團

A　細砂糖 50g、鹽 18g、水 100g、
　　小米酒 150g

B　高筋麵粉 200g、速溶乾酵母 9g

C　荔枝乾 200g、葡萄乾 200g、
　　核桃 100g、胚芽粉 30g

葡萄菌水種

高筋麵粉 550g、速溶乾酵母 3g、
葡萄菌水 150g、水 250g

Methods　製作

葡萄菌水

1　葡萄菌水製作參見P96。

葡萄菌水種

2　將所有材料用慢速攪拌均勻，轉中速攪拌至光滑狀，放入容器中，室溫（約28℃）發酵約1小時，隔天使用（冷藏約4℃發酵約12小時）。

麵團—混和攪拌

3　將材料A、葡萄菌水種用慢速攪拌混和，加入材料B攪拌均勻，轉快速攪拌至擴展，依序加入材料C攪拌至光滑呈延性即可。

基本發酵

4　將麵團放入容器中，基本發酵（約40分鐘），翻麵（約20分鐘）。

分割滾圓、中間發酵

5　將麵團分割成小團、滾圓（600g×3個），蓋上保鮮膜，中間發酵（約40分鐘）。

整型、最後發酵

6　將麵團拍出空氣，將麵皮往三邊擀成三角狀（圖1），由三邊朝中心處折合（圖2），翻面、整型成三角狀（圖3），放發酵帆布上，最後發酵（約40分鐘），撒上高筋麵粉，淺劃菱形紋（圖4）。

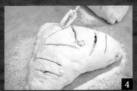

烘焙、脫模

7　放入烤箱，入爐後蒸氣一次，3分鐘後再蒸氣一次，以上火230℃／下火200℃，烤約22分鐘。

Column2

自家培養芳醇風味葡萄菌水

手作麵包最迷人之處，正是麵包中散發的獨特風味，一種「貼近自然的發酵美味」！這裡教您簡單的葡萄菌水作法，再使用葡萄菌水製作麵包，純天然的果香甜味，更添麵包的香氣風味。

Ingredients

葡萄乾......................170g
細砂糖......................65g
開水..........................335g

將葡萄乾
擠乾瀝出
葡萄菌水即可

Methods

1

容器用熱水煮過、消毒、晾乾。

2

葡萄乾用熱水略汆燙過、瀝乾。

3

將開水、細砂糖放入容器內混和攪拌均勻，加入葡萄乾拌勻。

4 `1 day`

蓋上瓶蓋、旋緊密封，放置室溫下（約28℃）發酵。（第一天狀態）

5

打開瓶蓋，小心搖晃（一天重複操作3次），蓋上瓶蓋，放置室溫下（約28℃）發酵。（第二天）

6 `3 day`

打開瓶蓋，小心搖晃（一天重複操作3次），蓋上瓶蓋，放置室溫下（約28℃）發酵。（第三天狀態）

7 `4 day`

打開瓶蓋，小心搖晃（一天重複操作3次），蓋上瓶蓋，放置冷藏室（第四天），隔天用濾網濾出葡萄菌水即成。

Part 3

風味調理麵包

Seaweed Bread

海苔燒

- 製作方式：直接法
- 參考數量：23 個

Ingredients 　**麵團**

A　高筋麵粉 900g、全麥粉 100g、鹽 10g、奶粉 30g、
　速溶乾酵母 10g、水 700g、牛奶膏（或蜂蜜）20g

B　無鹽奶油 80g

C　海苔粉 5g

內餡

燻雞肉（或鮪魚）345g

表面裝飾

海苔絲適量

Methods 　**製作**

混和攪拌

1　將材料A用慢速攪拌混和，
　轉快速攪拌至擴展階段，加
　入奶油轉慢速拌勻至光滑具
　延展性，加入海苔粉拌勻即
　可（麵團溫度約27℃）。

基本發酵

2　將麵團放入容器中，基本
　發酵（約40分鐘），翻麵
　（約20分鐘）。

分割滾圓、中間發酵

3　將麵團分割成小團、滾圓
　（80g×23個），蓋上保
　鮮膜，中間發酵（約30分
　鐘）。

整型、最後發酵

4　將麵團整型成圓球狀、稍
　拍扁，放入燻雞肉餡（約
　15g），捏合收口，最後
　發酵（約40分鐘），刷
　上蛋液、撒上海苔絲（**圖
　1-2**）。

★ 表面也可以噴上少許水、沾
　上杜蘭小麥粉，最後發酵
　後，撒上海苔絲做造型變
　化。

★ 買不到海苔絲就用海苔片剪
　成細絲使用即可。

烘焙、脫模

5　表面鋪上烤焙布（**圖3**），
　壓蓋一層烤盤（**圖4**），放
　入烤箱，以上火220℃／下
　火200℃，先烤約12分鐘，

取下烤焙布、烤盤，續烤約
4-6分鐘，出爐放涼。

Bread

翡翠豌豆麵包

- **製作方式**：直接法
- **使用模型**：彎月模型
- **參考數量**：25 條

Bread info

杜蘭小麥粉

杜蘭小麥（Durum）為最硬質的
小麥。粗磨的杜蘭小麥粉，呈黃
色，具高量蛋白質、高筋性，製
成的麵食嚼感佳，主要用在義大
利麵類的製作，也常用於麵包製
作，具獨特的麥香味及色澤。

Ingredients **麵團**

A 高筋麵粉 1000g、細砂糖 150g、鹽 15g、全蛋 100g、
鮮奶 200g、奶粉 20g、乳酪粉 30g、水 350g、速溶乾酵母 10g

B 無鹽奶油 80g

內餡

C 玉米粒、火腿丁、洋蔥末適量

D 豌豆粒 250g

表面裝飾

杜蘭小麥粉適量

Methods **製作**

混和攪拌

1 將材料A用慢速攪拌混和，
再轉快速攪拌至有彈性（擴
展），加入奶油轉慢速拌
勻後，用快速攪拌至光滑
具延展性（麵團溫度約
26℃）。

基本發酵

2 將麵團放入容器中，基本
發酵（約30分鐘），翻麵
（約20分鐘）。

分割滾圓、中間發酵

3 將麵團分割成小團、滾圓
（80g×25個），蓋上保鮮
膜，中間發酵約30分鐘。

整型、最後發酵

4 將麵團擀成片狀（圖1），
放入內餡料（圖2），捲
起至末端約1/3處時底部
略擀薄（圖3-4），鋪上
豌豆（圖5），捲好成型
（圖6），沾上杜蘭粉（圖
7），放入彎月模型中（圖
8），最後發酵（約30分
鐘）。

烘焙、脫模

5 放入烤箱，以上火185℃／
下火200℃，烤約18分鐘，
出爐、脫模放涼。

雜糧培根

● 製作方式：直接法
● 參考數量：13 條

口感　軟□□□■□□□硬
口味　甜□□□□■□鹹
難易　易■□□□□□難

Ingredients　麵團

A　高筋麵粉 700g、法國粉 200g、
　　雜糧粉 100g、全蛋 100g、
　　鹽 18g、速溶乾酵母 8g、水 650g

B　發酵奶油 80g、蜂蜜 80g

內餡

培根 26 片

表面裝飾

全蛋液適量、乳酪絲適量、
沙拉醬適量

Methods　製作

混和攪拌

1　將材料A用慢速攪拌混和，
　轉快速攪拌至有彈性（擴
　展），再加入奶油轉慢速拌
　勻，加入蜂蜜拌勻後，用
　快速攪拌至光滑具延展性即
　可。

基本發酵

2　將麵團放入容器中，基本
　發酵（約40分鐘），翻麵
　（約20分鐘）。

分割滾圓、中間發酵

3　將麵團分割成小團
　（150g×13個），蓋上保
　鮮膜，中間發酵（約30分
　鐘）。

整型、最後發酵

4　將麵團整成長條狀，中間
　鋪入培根（2片），捲起包
　覆、整型成長棒狀，收口捏
　合、朝下，放發酵帆布上，
　最後發酵（約30分鐘），
　刷上全蛋液、鋪上乳酪絲，
　擠上沙拉醬。

烘焙、脫模

5　放入烤箱，以上火200℃／
　下火200℃，烤約16-18分
　鐘，出爐、脫模放涼。

沙茶燻雞

● 製作方式：直接法
● 參考數量：13 條

口感 軟 □□■□□ 硬
口味 甜 □□□□■ 鹹
難易 易 ■□□□□ 難

Ingredients 麵團

A 高筋麵粉 1000g、細砂糖 120g、鹽 15g、
奶粉 30g、蜂蜜 30g、全蛋 100g、水 600g、
速溶乾酵母 8g

B 無鹽奶油 100g、沙茶粉 20g

內餡 （燻雞餡）
燻雞肉 390g

表面裝飾
白芝麻適量、沙拉醬適量

Methods 製作

混和攪拌
1 將材料A用慢速攪拌混和，
再轉快速攪拌至有彈性（擴
展），加入奶油轉慢速拌
勻至光滑具延展性，加入
沙茶粉拌勻（麵團溫度約
27℃）。

基本發酵
2 將麵團放入容器中，基本
發酵（約30分鐘），翻麵
（約20分鐘）。

分割滾圓、中間發酵
3 將麵團分割成小團、滾圓
（50g×3個）×13條，蓋
上保鮮膜，中間發酵（約
30分鐘）。

整型、最後發酵
4 將麵團擀平、捲起、揉成
長條狀，以3小條為組，左
右交叉編辮成型（圖1），
刷上全蛋液，沾上白芝麻
（圖2），最後發酵（約30
分鐘）（圖3），刷上全蛋
液、鋪上燻雞料（圖4），
擠上沙拉醬。

烘焙、脫模
5 放入烤箱，以上火200℃／
下火200℃，烤約15-18分
鐘，出爐、脫模放涼。

雙洋蔥麵包

● **製作方式**：隔夜液種
● **參考數量**：6個

口感	軟 □□□ □ 硬
口味	甜 □□□□ 鹹
難易	易 □□ □□ 難

Ingredients 　主麵團

A　細砂糖 60g、橄欖油 40g、鹽 18g、
　　水 400g

B　高筋麵粉 700g、速溶乾酵母 9g

C　新鮮洋蔥（切絲）300g、乾燥洋蔥 50g

中種麵團（隔夜液種）

高筋麵粉 200g、全麥粉 100g、
速溶乾酵母 1g、水 300g

Methods 　製作

中種麵團

1　中種麵團製作參照P22-23「黑芝麻燻雞」作法1。室溫發酵約1小時，隔天使用冷藏約4℃發酵約12小時。

主麵團—混和攪拌

2　將材料A、中種麵團慢速攪拌混和，加入材料B攪拌均勻，再轉快速攪拌至擴展階段，加入洋蔥絲慢速拌勻，放入乾燥洋蔥拌勻即可。

基本發酵

3　將麵團放入容器中，基本發酵（約30分鐘），翻麵（約20分鐘）。

分割滾圓、中間發酵

4　將麵團分割成小團、滾圓（300g×6個），蓋上保鮮膜，中間發酵約40分鐘。

整型、最後發酵

5　將麵團擀平後捲成橄欖形（**圖1**），放發酵帆布上，最後發酵（約30分鐘），表面撒上高筋麵粉（**圖2**），淺劃直刀切紋（**圖3**）。

烘焙、脫模

6　放入烤箱，入爐後蒸氣一次，3分鐘後再蒸氣一次，以上火230℃／下火200℃，烤約22分鐘。

1

2

3

三角咖哩麵包

● 製作方式：直接法
● 參考數量：12 條

Ingredients **麵團**

A 高筋麵粉 800g、全麥粉 200g、
細砂糖 100g、鹽 15g、速溶乾酵母 10g、
全蛋 100g、蜂蜜 50g、水 550g

B 無鹽奶油 80g

內餡

熱狗 150g、洋蔥丁 150g、咖哩粉 10g、
沙拉醬 50g

表面裝飾

乳酪絲、玉米粒 120g、沙拉醬 120g

Methods **製作**

製作內餡

1 熱狗切細丁與洋蔥丁及其他
材料混和攪拌均勻，即為內
餡。

混和攪拌

2 將材料A用慢速攪拌混和，
轉快速攪拌至擴展，加入奶
油慢速攪拌均勻，轉快速攪
拌至呈光滑延展性麵團。

基本發酵

3 將麵團放入容器中，基本
發酵（約30分鐘），翻麵
（約20分鐘）。

分割滾圓、中間發酵

4 將麵團分割成小團、滾圓
（150g×12個），蓋上保
鮮膜，中間發酵約30分鐘。

整型、最後發酵

5 將麵團略擀平整成三角
狀，中間放入咖哩餡（約
30g），包覆住內餡、收口
捏合整型成三角狀，最後發
酵（約30分鐘），刷上全
蛋液、剪十字切口、撒上玉
米（約10g）、乳酪絲，擠
上沙拉醬（約10g）。

★ 為避免烘烤時有裂開情形，
接合口處務必要黏合捏緊。

烘焙、脫模

6 放入烤箱，以上火200℃／
下火200℃，烤約18分鐘，
出爐、脫模放涼。

德國麵包條

- 製作方式：直接法
- 參考數量：12 條

口感 軟 □□□■□□ 硬
口味 甜 □□□□■ 鹹
難易 易 ■□□□□ 難

Ingredients 麵團

高筋麵粉 900g、低筋麵粉 100g、
細砂糖 20g、鹽 20g、奶粉 20g、
橄欖油 60g、速溶乾酵母 10g、水 680g

表面裝飾

火腿片 18 片、乳酪絲 360g、
洋蔥絲、番茄醬、沙拉醬、海苔粉適量

Methods 製作

混和攪拌

1 將材料用慢速攪拌混和，轉快速攪拌全呈光滑延展性麵團。

基本發酵

2 將麵團放入容器中，基本發酵（約40分鐘），翻麵（約20分鐘）。

分割滾圓、中間發酵

3 將麵團分割成小團、滾圓（150g×12個），蓋上保鮮膜，中間發酵約30分鐘。

整型、最後發酵

4 將麵團略滾圓、擀平，翻面後捲起、略搓成長條筒狀（約15cm），收口壓合，整齊相連排放入烤盤中最後發酵（約30分鐘），刷上番茄醬（圖1）、放上火腿片（約11/2片）（圖2）、洋蔥絲、乳酪絲，擠上沙拉醬（圖3-4）。

烘焙、脫模

5 放入烤箱，以上火200℃／下火200℃，烤約18-20分鐘，出爐，撒上海苔粉、脫模放涼。

普羅旺斯乳酪薄餅

- 製作方式：直接法
- 參考數量：12 條

口感　軟☐☐☐　☐硬

口味　甜☐☐☐☐　鹹

難易　易▓☐☐☐☐　難

Ingredients 　**麵團**

A　法國粉 800g、高筋麵粉 200g、鹽 18g、
　　細砂糖 60g、蜂蜜 20g、速溶乾酵母 10g、
　　水 680g

B　無鹽奶油 20g

C　乳酪丁 360g

D　全蛋液、乳酪粉適量

Methods　製作

混和攪拌

1　將材料A（水溫約6℃）用慢速攪拌混和，轉快速攪拌至擴展，加入奶油慢速攪拌均勻後，轉快速攪拌至呈光滑延展性（麵團溫度約27℃）。

基本發酵

2　將麵團放入容器中，基本發酵（約30分鐘），翻麵（約20分鐘）。

分割滾圓、中間發酵

3　將麵團分割成小團、滾圓（150g×12個），蓋上保鮮膜，中間發酵約30分鐘。

整型、最後發酵

4　將麵團擀平，包入乳酪丁（約30g），用手將麵團四周邊緣向外拉開，整型成長圓片狀，放入烤盤，表面刷上全蛋液、撒上乳酪粉。

★ 整型後的麵皮直接烘烤，口感較Q；經最後發酵的口感則較膨鬆。

烘焙、脫模

5　放入烤箱，以上火210℃／下火200℃，烤約10-12分鐘，出爐、脫模放涼。

Bagel

貝果

貝果（Bagel），是傳統的猶太圈麵包，19世紀初隨著移民踏上美國，並在紐約風行至全球。外表紮實酷似甜甜圈的貝果，製作方法特別，為了展現帶有嚼勁與韌性的風味，烘烤前必須用煮沸糖水略煮，才入爐烘烤。

- 製作方式：直接法
- 參考數量：16 個

Ingredients　麵團

A 高筋麵粉 1000g、細砂糖 60g、麥芽精 3g、
速溶乾酵母 1g、鹽 10g、水 540g

B 無鹽奶油 50g

糖水

水 1000g、細砂糖 50g

Bread info

美味吃法&口味變化

除了原始風味，最搭的美味組合不外乎就是
奶油乳酪及各式以其為底的抹醬，香滑的抹
醬結合紮實的貝果，美味無比，也可以搭配
其他粉料做成各式不同的口味。

Methods　製作

混和攪拌

1　將材料A先用慢速攪拌混
和，轉中速攪打至約5分
筋，加入奶油用慢速攪
拌至擴展（麵團溫度約
25℃）。

基本發酵

2　將麵團放入容器中，基本發
酵（約10分鐘）。

分割滾圓、中間發酵

3　將麵團分割折成長條狀
（100g×16個），蓋上保
鮮膜，中間發酵（約10分
鐘）。

整型、最後發酵

4　將麵團擀平（圖**1**），捲
起、搓成長條狀（長約
20cm）（圖**2**），再將麵
團一端用擀麵棍稍壓平（約
2cm）（圖**3**）與另一端接
合（圖**4**），捏合、整型成
中空圓圈狀（圖**5-6**），放
置烤焙紙上（圖**7**），最後
發酵（約20分鐘）。

★ 揉長時粗細要保持一致。

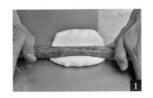

5　水、細砂糖至冒泡狀態後
（圖**8**），將**作法4**放入糖
水中煮約15秒（圖**9**），翻
面再煮15秒，撈起、瀝乾水
分，放置烤盤（圖**10**）。

★ 麵團放入糖水中略燙煮是為
了增加口感彈性，燙糖水的
時間越久口感越韌；永燙完
後不用再發酵需立即烘烤。

★ 在水中加入細砂糖（或麥芽
精、蜂蜜等調配），能讓貝
果有著恰到好處的色澤。

烘焙、脫模

6　放入烤箱，以上火220℃／
下火200℃，烤約20分鐘。

田園芙卡加

- 製作方式：直接法
- 參考數量：7 個

口感　軟 □□□■□□ 硬

口味　甜 □□□□■ 鹹

難易　易 □□■□□ 難

About

芙卡加（Focaccia）源於義大利北方用爐火碳烤製成的傳統扁平麵包。有圓、有方，狀似大餅的外型和披薩有幾分相似，除了以手指在表面按壓出的孔洞為最大特色外，流傳至各地漸漸也出現多種變化，在各地也有著不同的形狀和稱呼。

Ingredients　**麵團**

A　A 法國粉 900g、全麥粉 100g、
　　麥芽精 5g、蜂蜜 20g、橄欖油 60g、
　　速溶乾酵母 10g、水 650g、鹽 18g

B　花椰菜 100g、紅蘿蔔丁 150g、
　　玉米粒 150g

表面裝飾

乳酪絲適量

Methods　製作

事前準備

1　花椰菜、紅蘿蔔丁用鹽水汆煮，瀝乾水分，備用。

混和攪拌

2　將材料A用慢速攪拌混和，轉快速攪拌至光滑具延展性，再加入花椰菜、紅蘿蔔、玉米粒拌勻即可。

基本發酵

3　將麵團放入容器中，基本發酵（約40分鐘），翻麵（約20分鐘）。

分割滾圓、中間發酵

4　將麵團分割成小團、滾圓（300g×7個），蓋上保鮮膜，中間發酵約30分鐘。

整型、最後發酵

5　將麵團擀成圓片狀，最後發酵（約30分鐘），刷上橄欖油、在表面用指尖壓出凹洞、撒上乳酪絲。

★　在表面戳孔是為了讓氣體排出，可防止麵包在烘烤過程中裂開。

烘焙、脫模

6　放入烤箱，以上火220℃／下火200℃，烤約20-18分鐘，出爐、脫模放涼。

110

三星蔥卷

● 製作方式：直接法
● 參考數量：15 個

口感　軟 □□■□□ 硬
口味　甜 □□□□■ 鹹
難易　易 □□■□□ 難

Ingredients　**中種麵團**

A　高筋麵粉 800g、法國粉 200g、水 680g、鹽 18g、
　　速溶乾酵母 12g、細砂糖 80g
B　無鹽奶油 100g

內餡
蔥花適量

表面裝飾
乳酪粉，無鹽奶油適量

Methods　**製作**

混和攪拌

1　將材料A用慢速攪拌均勻，
　　轉快速攪拌至擴展，加入奶
　　油轉慢速拌勻，轉快速攪打
　　至完全擴展即可。

基本發酵、冷凍鬆弛

2　將麵團放入容器中，基本發
　　酵（約20分鐘），拍平蓋上
　　塑膠袋，冷藏約20分鐘。

整型、最後發酵

3　麵團擀開成片狀，鋪上蔥
　　花（圖1），捲起成圓筒狀
　　（圖2），再分切成小團
　　（約120g）（圖3），鬆弛
　　約15分鐘，沾上高筋麵粉、
　　輕壓，擀平成扁圓狀（圖
　　4）、刷上全蛋液、沾上乳
　　酪粉（圖5），放入烤盤，
　　最後發酵（約30分鐘）。

★　刷全蛋液可保持蔥花水分
　　（具保濕效果），增加香
　　味；若是刷水在烘烤時易因
　　水分的散失而變得乾燥。

烘焙、脫模

4　放入烤箱，以上火210℃／
　　下火200℃，烤約16-18分
　　鐘，出爐。

拖鞋麵包

- 製作方式：隔夜中種
- 參考數量：8 個

口感　軟□□□■□硬
口味　甜□□□■□鹹
難易　易□□□■□難

Ingredients　**中種麵團**（隔夜中種）

法國粉 500g、速溶乾酵母 1g、水 350g

主麵團

A　細砂糖 15g、麥芽精 5g、鹽 20g、
　　水 400g

B　法國粉 300g、高筋麵粉 200g、
　　速溶乾酵母 5g

Methods　**製作**

中種麵團

1　將所有材料先用慢速攪拌均
　　勻，轉中速攪拌至呈光滑
　　狀，放入容器內，蓋上保鮮
　　膜，室溫（約28℃）發酵
　　約1小時，隔天使用（冷藏
　　約4℃發酵約12小時）。

主麵團—混和攪拌

2　將材料A、中種麵團先用慢
　　速攪拌混和，加入材料B用
　　快速攪拌至約5分筋（擴展
　　階段）。

基本發酵

3　將麵團放入容器中，基本
　　發酵（約60分鐘），翻麵
　　（約60分鐘）。

整型、最後發酵

4　將麵團擀成長片狀（圖
　　1），裁切成等份（圖
　　2-3），放發酵帆布上，最
　　後發酵（約40分鐘）。

烘焙、脫模

5　放入烤箱，入爐後蒸氣
　　一次，3分鐘後再蒸氣一
　　次，以上火230℃／下火
　　200℃，烤約22分鐘。

1
2
3

造型丹麥麵包

水果十字丹麥

Ingredients　丹麥麵團
　　　　　　　參見「丹麥麵團」作法 1-7

　　　　　　　表面裝飾
　　　　　　　牛奶餡、水果餡、糖粉、
　　　　　　　全蛋液適量

口感　軟□□■□□硬
口味　甜■□□□□鹹
難易　易□□□■□難

Methods　製作

丹麥麵皮

1　牛奶餡作法參見「風車丹麥」作法**1-2**。

2　將丹麥麵團擀平，裁成邊長9cm正方形片，用擀麵棍由四邊角稍往外擀開成星形狀（**圖1**），由四對角處朝中間切劃（不切斷）（**圖2**），將兩邊角切痕處往內交互重疊（**圖3**），依法操作完成四角邊（**圖4**），最後發酵（約40分鐘），刷上全蛋液（**圖5**），在中央處擠上牛奶餡（**圖6**）。

烘焙、脫模

3　放入烤箱，以上火200℃／下火200℃，烤約18分鐘，出爐，放上紙型篩撒糖粉、用水果餡裝飾。

藍莓丹麥

Ingredients　丹麥麵團
　　　　　　　參見「丹麥麵團」作法 1-7

　　　　　　　內餡　（乳酪藍莓餡）
　　　　　　　乳酪 300g、藍莓醬 100g

　　　　　　　表面裝飾
　　　　　　　全蛋液適量

Methods　製作

乳酪藍莓餡

1　將所有材料攪拌混和均勻即可。

丹麥麵皮

2　將丹麥麵團擀平，裁成厚約0.5cm片狀（**圖1**），再以每1cm為單位裁切出長條（**圖2**），以左右呈平行交錯的方式扭轉成螺旋紋長條（**圖3**），再盤捲成漩渦狀、收口朝底（**圖4-5**），中間處壓平，最後發酵約30分鐘，刷上全蛋液（**圖6**）擠上乳酪藍莓餡（**圖7**）。

烘焙、脫模

3　放入烤箱，以上火200℃／下火200℃，烤約18分鐘，出爐、脫模放涼。

風車丹麥

Ingredients　丹麥麵團

參見「丹麥麵團」作法 1-7

內餡 （牛奶餡）

A　鮮奶 1000g、香草棒 1 根、
　　無鹽奶油 100g

B　細砂糖 150g、全蛋 4 個、
　　玉米粉 20g、低筋麵粉 100g

表面裝飾

全蛋液適量

Methods　製作

牛奶餡

1　將細砂糖、全蛋攪拌均勻，
　加入玉米粉、低筋麵粉拌
　勻。

2　香草棒橫剖開、刮取香草
　籽，加入鮮奶中邊加熱邊拌
　煮至沸騰，倒入**作法1**迅速
　拌勻，再轉中大火拌煮至再
　次沸騰。

丹麥麵皮

3　將丹麥麵團擀平，先成長
　條狀（長12×寬12×厚
　1cm），再裁成正方形片

（圖**1**）、翻面，用刀在四
個角朝中央切割開（不切
斷）（圖**2**），並將切痕以
相間隔一個邊緣分別朝中
央內折（圖**3**）、中間稍
按壓（圖**4**）整型成風車狀
（圖**5**），最後發酵（約30
分鐘），刷上全蛋液（圖
6）、擠上牛奶餡（圖**7**）。

烘焙、脫模

4　放入烤箱，以上火200℃／
　下火200℃，烤約18分鐘出
　爐，用水果裝飾（圖**8**）。

117

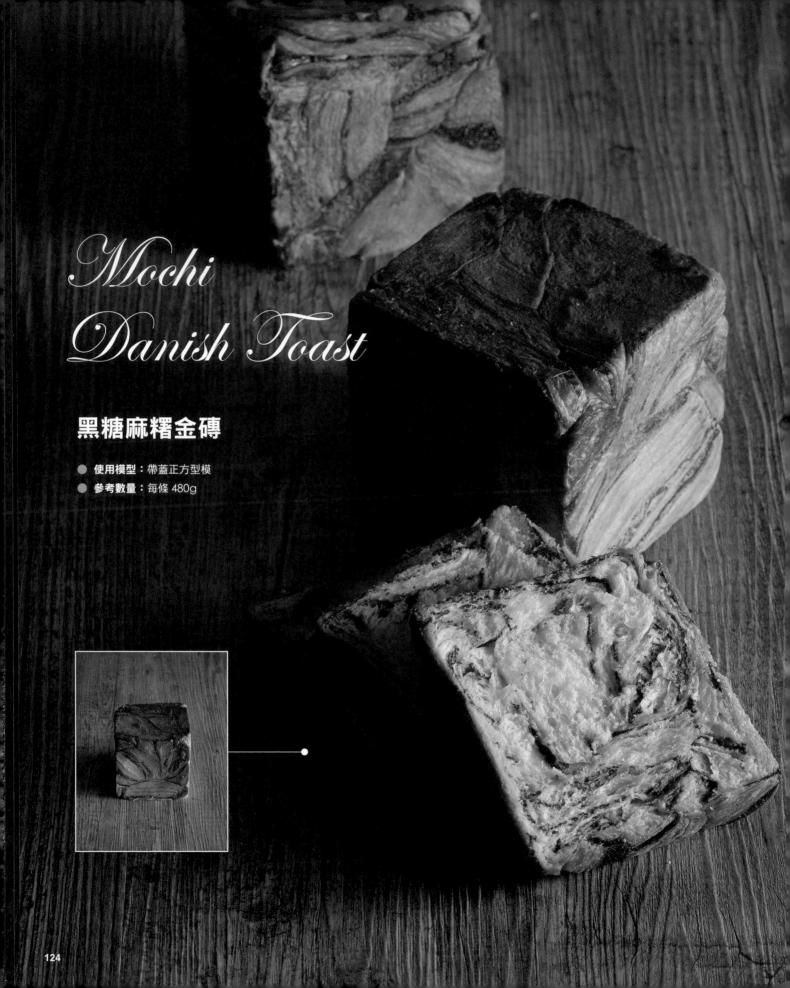

Mochi Danish Toast

黑糖麻糬金磚

- 使用模型：帶蓋正方型模
- 參考數量：每條 480g

124

Ingredients | **麵團**

丹麥麵團 1800g、黑糖麻糬 600g

裹入油

片狀奶油 450g

Bread info

黑糖麻糬
具有其他材料所無法比擬的口感特色，Q彈、帶有黑糖馥郁香甜味，不只可直接作為甜食食用，也是烘焙的極佳材料。

Methods | **製作**

丹麥麵皮

1 丹麥麵團攪拌、擀折作法參見「丹麥麵團」**作法1-4**。

2 將丹麥麵團延壓平（**圖1**）放上奶油片（450g），將麵皮由兩側邊折起包覆（**圖2-3**），延壓平（**圖4**），再左右折疊（**圖5-7**）（3折1次），用塑膠袋包好，冷凍約20分。

3 取出（**圖8**），延壓平成長53×寬28×厚2cm片狀（**圖9**），放上黑糖麻糬片（約600g）（**圖10**），折疊（**圖11-13**）、延壓擀平（**圖14**），左右往中間折疊、對折（4折1次）（**圖15-17**），冷凍約20分鐘（**圖18**）。

4　取出，延壓長成片狀（48×
寬34×厚1cm）（圖
19）、對折後再分切成長方
條（長34×寬8×厚1cm）
（圖**20**），從一端預留約
1cm底下切割3刀至底（圖
21）。

5　以切口斷面朝上，左右交叉
A-B、C-A、B-C編辮子的
方式編結（圖**22-24**）、收
口成型（圖**25**）、翻面後
捲成圓筒狀（圖**26-27**），
收口朝底呈斜角放入模型中
（圖**28**），最後發酵（約
40-50分鐘）（圖**29**），蓋
上模蓋（圖**30**）。

★　編結時將切口斷面朝上編
　　辮，烤好會較有層次紋路。
★　麵團斜放入模，較能平均發
　　展開。

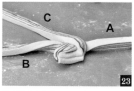

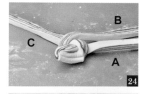

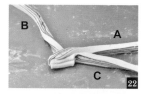

烘焙、脫模

6　放入烤箱，以上火200℃／
下火200℃，烤約28-30分
鐘，出爐。

Part 5

百變吐司麵包

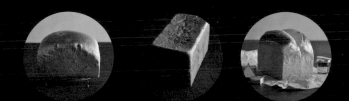

Red-Beam Toast

酸奶紅豆吐司

● **製作方式**：直接法
● **使用模型**：12 兩帶蓋吐司模
● **參考數量**：5 條

Ingredients 　**麵團**

A　高筋麵粉 800g、法國粉 200g、細砂糖 150g、全蛋 200g、
　　鹽 18g、蜂蜜 60g、酸奶 200g、鮮奶 200g、水 150g、
　　新鮮酵母 30g

B　無鹽奶油 120g、乳酪丁 150g

C　蜜紅豆 450g

Methods 　**製作**

混和攪拌

1　將材料A用慢速攪拌均勻，轉快速攪拌至擴展，加入奶油轉慢速拌勻，轉快速攪拌至完全擴展，加入乳酪丁拌勻即可（麵團溫度約27℃）。

　★ 蜂蜜量較多，製作前晚可放置冰箱冷藏，避免加入麵團時溫度過高。

基本發酵

2　將麵團放入容器中，基本發酵（約30分鐘），翻麵（約20分鐘）。

分割滾圓、中間發酵

3　將麵團分割成小團、滾圓（150g×3個），共5組，蓋上保鮮膜，中間發酵（約30分鐘）。

整型、最後發酵

4　將麵團拍出空氣，向上折1/3、前端向下折1/3，翻面略拍扁（圖**1-3**），稍拉長（圖**4**），鋪上蜜紅豆（約30g）（圖**5**），捲起（圖**6-7**），以3小團一組，收口朝底放入模型內（圖**8**），最後發酵（約40分鐘）至模型7分滿，撒上蜜紅豆（圖**9**），蓋上模蓋（圖**10**）。

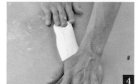

烘焙、脫模

5　放入烤箱，以上火210℃／下火200℃，烤約15分鐘，轉向再烤約15-20分鐘，出爐、脫模。

香榭玫瑰吐司

- 製作方式：直接法
- 使用模型：12 兩帶蓋吐司模
- 參考數量：4 條

口感	軟 ☐☐■☐☐ 硬
口味	甜 ☐☐■☐ 鹹
難易	易 ☐■☐☐☐ 難

Ingredients　麵團

A 高筋麵粉 1000g、細砂糖 120g、
　　全蛋 200g、蛋黃 100g、香草棒 1 支、
　　鹽 15g、鮮奶 300g、水 100g、
　　新鮮酵母 30g

B 無鹽奶油 150g

C 乾燥玫瑰 5g

Methods　製作

混和攪拌

1　用刀將香草棒橫剖、刮取出香草籽，再將香草棒切細碎，加入高筋麵粉中。

2　將材料A用慢速攪拌混和，轉快速攪拌至有彈力（擴展），加入奶油轉慢速拌勻至光滑具延展性，加入乾燥玫瑰拌勻。

基本發酵

3　將麵團放入容器中，基本發酵（約30分鐘），翻麵（約20分鐘）。

分割滾圓、中間發酵

4　將麵團分割成小團、滾圓（150g×3個）×4組，蓋上保鮮膜，中間發酵（約30分鐘）。

整型、最後發酵

5　將麵團拍出空氣，向上折1/3、前端向下折1/3，翻面略拍扁，轉向直角呈長條狀後再折3折（圖1），滾圓、整型成圓筒狀（圖2-3），以3小團一組，收口朝底放入模型內（圖4），最後發酵約40分鐘至模型8分滿，蓋上模蓋。

烘焙、脫模

6　放入烤箱，以上火210℃／下火200℃，先烤15分鐘，轉向再烤約15分鐘，出爐、脫模放涼。

蜂香葡萄吐司

- 製作方式：直接法
- 使用模型：12 兩不帶蓋吐司模
- 參考數量：5 條

Ingredients　麵團

A　高筋麵粉 1000g、細砂糖 150g、
　　全蛋 200g、奶粉 40g、新鮮酵母 30g、
　　水 200g、鮮奶 200g、蜂蜜 40g、鹽 15g

B　無鹽奶油 120g

C　葡萄乾 300g

表面裝飾

蛋液適量

Methods　製作

混和攪拌

1　將材料A用慢速攪拌混和，轉快速攪拌至有彈性（擴展），加入奶油轉慢速拌勻，再以快速攪拌至光滑具延展性，加入葡萄乾拌勻。

基本發酵

2　將麵團放入容器中，基本發酵（約40分鐘），翻麵（約20分鐘）。

分割滾圓、中間發酵

3　將麵團分割小團、滾圓（450g×5個），中間發酵（約30分鐘）。

整型、最後發酵

4　將麵團拍出空氣（圖1），捲成圓筒狀（圖2），收口朝底放入模型中、壓平（圖3），最後發酵（約40分鐘）至模型8分滿，刷上蛋液（圖4）。

★ 刷完蛋液要稍風乾後再烤，顏色才會上色均勻。

烘焙、脫模

5　放入烤箱，以上火185℃／下火200℃，烤約15分鐘，轉向再烤約15-20分鐘，出爐脫模。

英格蘭吐司

- 製作方式：隔夜＋湯種
- 使用模型：24 兩帶蓋吐司模
- 參考數量：1 個

口感　軟□□□■□□硬
口味　甜□□□■□□鹹
難易　易□■□□□□難

Ingredients　中種麵團（隔夜種）

高筋麵粉 500g、新鮮酵母 5g、
蜂蜜 50g、水 400g

湯種

高筋麵粉 200g、水 100g

主麵團

A　湯種 300g、細砂糖 120g、鹽 18g、
　　奶粉 40g、水 70g、新鮮酵母 30g

B　高筋麵粉 300g

C　無鹽奶油 120g

Methods　製作

中種麵團

1　將所有材料慢速攪拌至光滑狀，放入容器中，室溫（約28℃）發酵約1小時，隔天使用（冷藏約4℃發酵約12-15小時）。

湯種

2　水加熱至約65℃。將高筋麵粉放入攪拌缸中，倒入熱水攪拌混和攪拌均勻，放入容器中，冷藏約12小時。

主麵團─混和攪拌

3　將作法1、湯種（300g）及其餘材料A用慢速攪拌混和，再加入高筋麵粉拌勻後，轉快速攪拌至有彈性（擴展），加入奶油拌勻，以快速攪拌至光滑具延展性。

基本發酵

4　將麵團放入容器中，基本發酵（約30分鐘）。

中間發酵

5　將麵團分割小團、滾圓（150g×6個），中間發酵（約30分鐘）。

整型、最後發酵

6　將麵團拍出空氣，向上折1/3、前端向下折1/3，翻面拍扁，折線朝下，整成圓筒狀（圖1-2），以6個為一組，收口朝底放入模型中（圖3），最後發酵（約40分鐘）至模型7分滿（圖4），刷上蛋液。

烘焙、脫模

7　放入烤箱，以上火185℃／下火200℃，先烤約15分鐘，轉向再烤約15分鐘，出爐脫模。

法式脆皮吐司

- 製作方式：直接法
- 使用模型：12兩不帶蓋吐司模
- 參考數量：4條

口感　軟☐☐☐☐☐硬
口味　甜☐☐☐☐鹹
難易　易☐☐☐☐難

麵團

法國粉 800g、高筋麵粉 200g、鹽 22g、細砂糖 20g、橄欖油 20g、麥芽精 2g、速溶乾酵母 6g、水 680g

製作

混和攪拌

1　將所有材料（水溫約3℃）先用慢速充分攪拌混和，轉快速攪拌至光滑具延展性（麵團溫度約24-25℃）。

基本發酵

2　將麵團放入容器中，基本發酵（約40分鐘），翻麵（約20分鐘）。

分割滾圓、中間發酵

3　將麵團分割小團、滾圓（225g×2個）×4條，蓋上保鮮膜，中間發酵（約40分鐘）。

整型、最後發酵

4　將麵團拍壓出空氣，向上折1/3、前端向下折1/3，翻面略拍扁，轉向直角呈長條狀後再折3折，折線朝下，整成圓球狀（圖1-2），以2小團一組，收口朝底放入模型內（圖3），最後發酵（約50分鐘）至模型8分滿（圖4）。

★ 麵團與麵團間要有適當的空隙，烤好的吐司才會有漂亮的山型造型。

烘焙、脫模

5　放入烤箱，入爐後蒸氣一次，3分鐘後再蒸氣一次，以上火220℃／下火200℃，烤約25分鐘，出爐、脫模。

★ 烘烤後立刻脫模，若擱置模型中，充分膨脹的麵包會有塌陷、縮腰情形。

★ 味道單純的脆皮吐司，搭配無鹽奶油、果醬是最傳統的吃法。

Toast

聖誕吐司

- **製作方式**：中種法
- **使用模型**：中型水果條
- **參考數量**：9 條

Ingredients

主麵團

A 細砂糖 180g、鹽 18g、蜂蜜 50g、全蛋 100g、
鮮奶 150g、肉桂粉 5g

B 高筋麵粉 300g、速溶乾酵母 9g

C 發酵奶油 300g

D 葡萄乾 400g、蜜漬橘香絲 100g、核桃 150g

中種麵團

高筋麵粉 700g、水 450g、速溶乾酵母 3g

表面裝飾（墨西哥皮餡）

無鹽奶油 150g、糖粉 130g、全蛋 115g、
低筋麵粉 150g

Methods 製作

墨西哥皮餡

1 奶油、糖粉拌勻，分次加入
全蛋拌勻，加入低筋麵粉壓
拌勻即可。

中種麵團

2 將所有材料攪拌至光滑狀，
放入容器中，室溫（約
28℃）發酵約1小時，隔
天使用（冷藏約4℃發酵約
12-15小時）。

主麵團─混和攪拌

3 將材料A、中種麵團先用慢
速攪拌混和，加入材料B攪
拌勻後轉快速攪拌至擴展
階段，再加入奶油拌勻，
轉至快速攪拌至光滑具延
展性，依序加入材料D慢速
拌勻。

基本發酵

4 將麵團放入容器中，基本
發酵（約30分鐘），翻麵
（約20分鐘）。

分割滾圓、中間發酵

5 將麵團分割成小團、滾圓
（100g×3個）×9組，蓋
上保鮮膜，中間發酵（約
30分鐘）。

整型、最後發酵

6 將麵團擀平、捲起、搓揉
成長條狀（圖1-2），並以

3條為一組，將一端接頭先
壓牢（圖3），以左右交叉
編辮成型（圖4-7），兩端
朝底內摺收合（圖8），
收口朝底放入模型中（圖
9），最後發酵（約40分
鐘）至模型8分滿，表面擠
上墨西哥餡。

★ 編辮整型時，不必刻意編得
太緊密，但頭尾的收合要黏
緊。

烘焙、脫模

7 放入烤箱，以上火185℃／
下火200℃，先烤約15分
鐘，轉向再烤約15分鐘，
出爐脫模。

Milk Bread

奶香花卷吐司

- **製作方式**：直接法
- **使用模型**：中型水果條
- **參考數量**：7 條

Ingredients　麵團

A　高筋麵粉 1000g、細砂糖 120g、鹽 18g、全蛋 150g、
　蛋黃 60g、蜂蜜 30g、新鮮酵母 35g、奶粉 40g、
　鮮奶 200g、鮮奶油 100g、水 150g

B　無鹽奶油 120g

表面裝飾

蛋液適量

Methods　製作

混和攪拌

1　將材料A用慢速攪拌混和，
　轉快速攪拌至有彈性（擴
　展），加入奶油轉慢速拌
　勻，再以快速攪拌至光滑
　具延展性。

基本發酵

2　將麵團放入容器中，基本
　發酵（約30分鐘），翻麵
　（約20分鐘）。

分割滾圓、冷藏鬆弛

3　將麵團分割成小團、滾圓
　（300g×7個），蓋上保鮮
　膜，冷藏鬆弛約20分鐘。

　★ 冷藏鬆弛至好操作。

整型、最後發酵

4　將麵團擀成片狀，取長邊
　左、右朝中間處翻折3折
　（圖1），擀平（圖2）分
　切成3等份（圖3），再以左
　右呈平行交錯的方向扭轉成
　條（圖4）、稍拉長，取一
　端先彎折2次（圖5），再順
　著麵團纏繞2圈（圖6-7），
　並由圓孔處繞出（圖8）形
　成花結（圖9）。

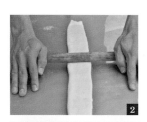

5　以3個一組，收口朝底放入
　模型中（圖10），最後發
　酵（約40分鐘）至模型8分
　滿，刷上蛋液（圖11）。

　★ 刷上蛋液稍風乾後再烤，能
　　增加亮澤度。

烘焙、脫模

6　放入烤箱，以上火185℃／
　下火200℃，烤約10分鐘，
　轉向再烤約10-12分鐘，出
　爐脫模。

Marble Toast

黑爵大理石吐司

- 製作方式：隔夜中種
- 使用模型：中型水果條
- 參考數量：8 條

Ingredients　**中種麵團**（隔夜中種）

高筋麵粉 600g、水 360g、蜂蜜 50g、
新鮮酵母 5g

主麵團

A　細砂糖 150g、鹽 20g、奶粉 30g、
　　全蛋 100g、煉乳 50g、鮮奶 150g

B　高筋麵粉 300g、低筋麵粉 100g、
　　新鮮酵母 30g

C　無鹽奶油 100g

D　大理石片 600g

Methods　**製作**

中種麵團

1　將所有材料慢速攪拌均勻至呈光滑狀，放入容器中，室溫（約28℃）發酵約1小時，隔天使用（冷藏約4℃發酵約12小時）。

主麵團—混和攪拌

2　將材料A、中種麵團先用慢速攪拌混和，加入材料B攪拌勻後轉快速攪拌至有彈性（擴展），再加入奶油拌勻，轉至快速攪拌至光滑具延展性。

基本發酵、冷凍鬆弛

3　將麵團放入容器中，基本發酵（約20分鐘），折成長方片狀，放入塑膠袋中，冷凍（約40分鐘）。

整型、最後發酵

4　將麵團（約2000g）擀成長片狀（長48×寬30×厚1cm）（**圖1**），中間放入大理石片（約600g）（**圖2**），4折1次將麵皮從兩邊往中間折起包覆（**圖3-4**），並在兩側邊淺劃刀（**圖5**），拍壓扁後延壓成長形片狀（長82×寬25×厚0.5cm）（**圖6**），再折疊（**圖7-9**）、擀平（長45×寬35×厚0.8cm），捲起至底部處、刷上全蛋液黏合成圓筒狀（**圖10-12**）。

★ 在兩側邊淺劃刀有助氣體的排出，避免在烘烤時爆餡；底部刷上蛋液可幫助黏合。

5　分割成小團（100g），以3小團一組（**圖13**）、輕壓後，放入模型中，最後發酵（約40分鐘）至模型8分滿，刷上蛋液（**圖14**）。

烘焙、脫模

6　放入烤箱，以上火185℃／下火200℃，烤約10分鐘，轉向再烤約10-15分鐘，出爐脫模。

Crown egg Bread

皇冠雞蛋吐司

- **製作方式**：直接法
- **使用模型**：12 兩不帶蓋吐司
- **參考數量**：4 條

口感 軟■□□□□硬　口味 甜■□□□□鹹　難易 易■□□□□難

Ingredients ■麵團■

A 高筋麵粉 1000g、細砂糖 180g、鹽 12g、
　全蛋 500g、奶粉 40g、新鮮酵母 30g、水 250g

B 無鹽奶油 150g

■表面裝飾■

蛋液適量、無鹽奶油適量

Methods ■製作■

混和攪拌

1 將材料A用慢速攪拌混和，轉快速攪拌至有彈性（擴展），加入奶油轉慢速拌勻，以快速攪拌至光滑具延展性。

基本發酵

2 將麵團放入容器中，基本發酵（約40分鐘），翻面（約20分鐘）。

中間發酵

3 將麵團分割成小團、滾圓（225g×8個），中間發酵（約30分鐘）。

整型、最後發酵

4 將麵團略拍出空氣（圖1），向上折1/3、前端向下折1/3（圖2），翻面略拍扁，轉向直角成長條狀，稍拍扁，捲起、略搓長條（圖3），以2個為組（圖4）。

5 收口朝底放入模型中、輕壓平（圖5），最後發酵（約40分鐘）至模型8分滿（圖6），刷上蛋液（圖7）、放上奶油（圖8）。

★ 刷好蛋液，稍風乾後再烤，顏色才會上色均勻；在表面兩麵團縫隙間放上奶油，有助於油脂吸收，增加香氣風味外，也可讓線條明顯。

烘焙、脫模

6 放入烤箱，以上火185℃／下火200℃，烤約15分鐘，轉向再烤約15-20分鐘，出爐脫模（圖9）。

★ 雞蛋的成分用的多，烤好的吐司組織色澤黃澄、香Q綿密，有著淡淡的蛋香味，加上表面的奶油的融合滲入，柔軟可口。

Column3

美味滿點！
創意三明治風吃法

沾裹香煎、烘烤塗抹＆夾餡，6種美味滿點的吃法變
化，讓好吃的麵包變得更加美味！

❶ 夾餡─生菜沙拉

適用： 歐式麵包

材料： 火腿3片、起司片3片、番茄3片、美生
菜30g、沙拉醬適量

作法： 將沙拉醬先塗抹在麵包表面，鋪上番茄
片、起司片、火腿片及美生菜即可。

❷ 夾餡─鮪魚玉米

適用： 歐式麵包

材料： 鮪魚餡60g、玉米粒30g、紫萵苣30g、
檸檬皮少許、番茄醬適量、沙拉適量

作法： 將沙拉醬先塗抹在麵包表面，放上紫萵
苣、鮪魚餡、玉米粒，淋上番茄醬、撒
上檸檬皮即可。

❸ 抹醬─鮪魚橄欖醬

適用： 法式麵包

材料： 鮪魚餡80g、綠橄欖100g、大蒜（去
皮）1個、橄欖油60g、酸豆20g

作法： 將所有材料放入果汁機內攪拌打勻，即
可塗抹切片麵包上搭配食用。

❹ 內餡─蘑菇內餡

適用： 法式麵包

材料： 蘑菇10朵、核桃30g、橄欖油1大匙、洋
蔥20g、黑胡椒少許、鹽少許、蔥少許

作法： ① 核桃用上、下火180℃先烘烤3-5分
鐘，備用。
② 熱鍋，加入橄欖油炒香洋蔥末，加入
蘑菇片拌炒均勻，放入黑胡椒、鹽拌
勻，撒入蔥末及核桃即可。

❺ 沾裹料─香橙法式吐司

適用： 各式吐司

材料： 無鹽奶油30g、雞蛋2個、細砂糖30g、
蜂蜜20g、柳橙汁250g

作法： ① 蛋、細砂糖混拌均勻，加入蜂蜜、柳
橙汁及軟化奶油拌勻即可。
② 將吐司沾裹上**作法1**香煎金黃即可。

❻ 沾裹＆夾餡料─黃瓜法式吐司

適用： 各式吐司

材料： A. 無鹽奶油30g、雞蛋2個、鹽少許、
白胡椒粉少許、帕瑪森起司粉5g、
蜂蜜20g
B. 洋蔥1/2個、橄欖油1小匙、鹽、胡
椒粉少許、火腿片3片、小黃瓜3條

作法： ① 蛋與其他材料A攪拌均勻，即成沾裹
料。
② 熱鍋，加入橄欖油炒香洋蔥末，加入
鹽、黑胡椒調味，再放入火腿絲、黃
瓜片稍拌炒即為夾餡料。
③ 將吐司沾裹勻**作法1**入鍋香煎至金
黃，包夾入**作法2**即可。

Special Thanks

本書能順利的拍攝完成，特別感謝好友彭建泓的全程協助，以及提供優質設備場地的桃園全國食材廣場、板橋小東方烘焙教室。

國家圖書館出版品預行編目（CIP）資料

陳共銘 經典之最世界風味麵包全書／陳共銘著 . -- 初版 .
-- 臺北市：原水文化出版：家庭傳媒城邦分公司發行，
2020.09
　面；　公分 . --（烘焙職人系列；6）

ISBN 978-986-99456-1-5（平裝）

1. 點心食譜　2. 麵包

427.16　　　　　　　　　　　　　　　　109012715

烘焙職人系列 006

陳共銘 經典之最世界風味麵包全書

作　　　　者／陳共銘
特 約 主 編／蘇雅一
責 任 編 輯／潘玉女

行 銷 經 理／王維君
業 務 經 理／羅越華
總　編　輯／林小鈴
發　行　人／何飛鵬
出　　　版／原水文化
　　　　　　台北市民生東路二段 141 號 8 樓
　　　　　　電話：02-25007008　　傳真：02-25027676
　　　　　　E-mail：H2O@cite.com.tw　Blog：http:citeh2o.pixnet.net/blog/
　　　　　　FB 粉絲專頁：https://www.facebook.com/citeh2o/
發　　　行／英屬蓋曼群島商家庭傳媒股份有限公司城邦分公司
　　　　　　台北市中山區民生東路二段 141 號 11 樓
　　　　　　書虫客服服務專線：02-25007718 · 02-25007719
　　　　　　24 小時傳真服務：02-25001990 · 02-25001991
　　　　　　服務時間：週一至週五 09:30-12:00 · 13:30-17:00
　　　　　　讀者服務信箱 email：service@readingclub.com.tw
劃 撥 帳 號／19863813　　戶名：書虫股份有限公司
香 港 發 行 所／城邦（香港）出版集團有限公司
　　　　　　地址：香港灣仔駱克道 193 號東超商業中心 1 樓
　　　　　　Email：hkcite@biznetvigator.com
　　　　　　電話：(852)25086231　　傳真：(852) 25789337
馬 新 發 行 所／城邦（馬新）出版集團
　　　　　　41, Jalan Radin Anum, Bandar Baru Sri Petaling,
　　　　　　57000 Kuala Lumpur, Malaysia.
　　　　　　電話：(603) 90578822　　傳真：(603) 90576622
　　　　　　電郵：cite@cite.com.my

美 術 設 計／陳育彤
攝　　　影／周禎和
製　　　版／台欣彩色印刷製版股份有限公司
印　　　刷／卡樂彩色製版印刷有限公司

初 版 2 . 2 刷／2021 年 8 月 12 日
定　　　價／520 元

城邦讀書花園
www.cite.com.tw